Heidrun Heinrich

Häkelpatchwork aus Stoff und Garn

Heidrun Heinrich

Häkelpatchwork aus Stoff und Garn

Tischtücher, Läufer, Zierdecken

Augustus Verlag

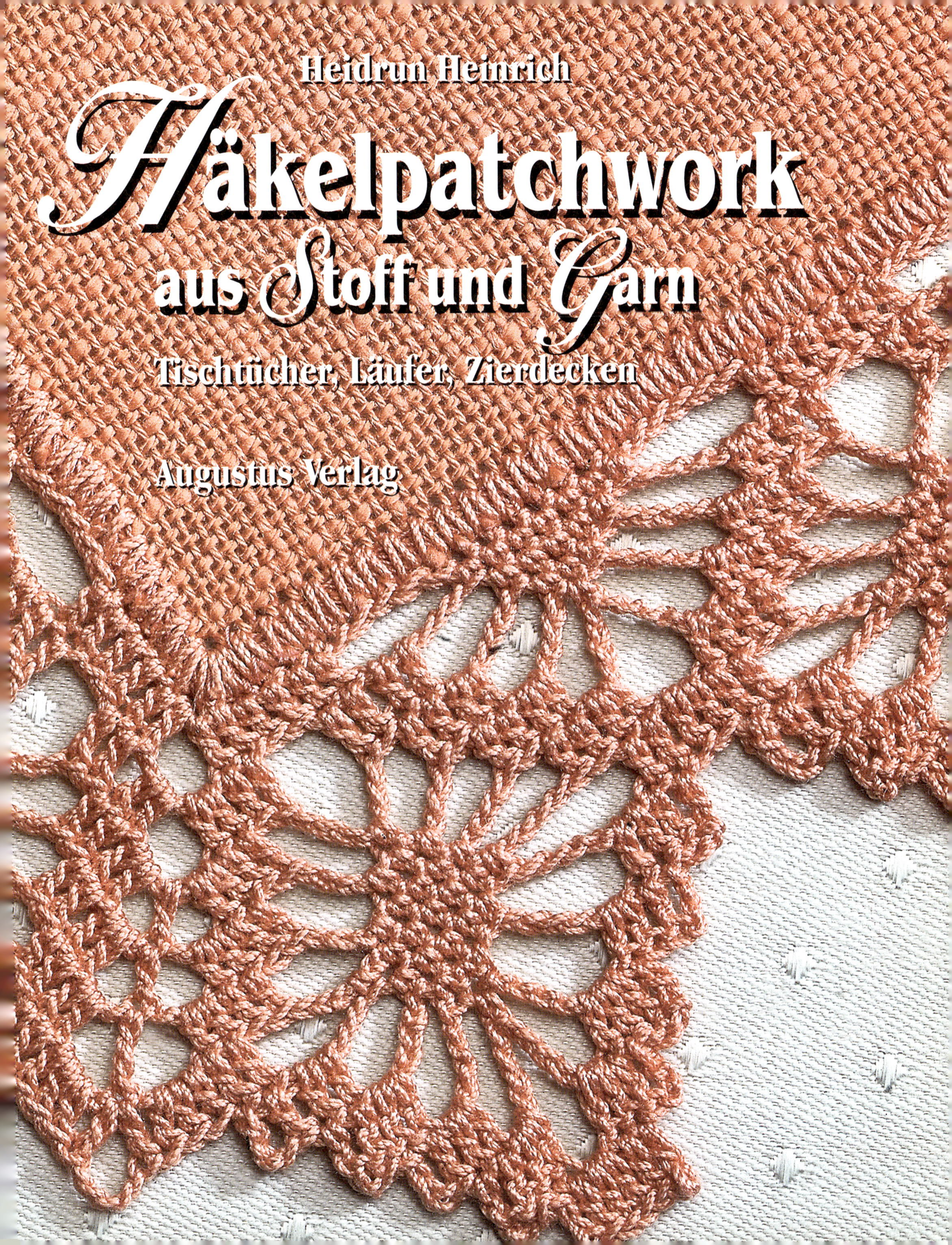

Die Deutsche Bibliothek – CIP-Einheitsaufnahme

Häkelpatchwork aus Stoff und Garn :
Tischtücher, Läufer, Zierdecken / Heidrun Heinrich.
[Fotogr.: Klaus Lipa. Grafiken/Zeichn.: Manuela Juntke].
– Augsburg : Augustus-Verl., 1998
ISBN 3-8043-0582-2

Von Heidrun Heinrich sind bisher im Augustus Verlag folgende Titel erschienen:
- *Omas Häkelspitzen*
- *Omas Häkelmotive*

Die Anleitung für das Titelmodell finden Sie auf Seite 47.

Fotografie: Klaus Lipa, Augsburg
Lektorat: Margit Bogner
Grafiken/Zeichnungen: Manuela Juntke, Leipzig
Umschlaggestaltung: Christa Manner, München

Layout: Anton Walter, Gundelfingen

Augustus Verlag Augsburg 1998

Satz: Gesetzt aus 11,5 Punkt Garamond Light
in QuarkXPress von DTP-Design Walter, Gundelfingen
Reproduktion: GAV Prepress, Gerstetten
Druck und Bindung: Appl, Wemding

Gedruckt auf 115 g umweltfreundlich elementar chlorfrei gebleichtes Papier.

ISBN 3-8043-0582-2
Printed in Germany

Inhalt

Vorwort

Häkelpatchwork – voll im Trend für Häkelfans!

Die Vorteile liegen auf der Hand: Man braucht nur ein kleines Stoffstück, ein Knäuel Garn und eine Häkelnadel. Der Stoff wird mit einer dekorativen Spitze umhäkelt, und einige wenige oder viele dieser behäkelten Teile fügen sich zu einer großen Decke zusammen. In relativ kleinen Schritten können Sie mit dieser Technik ein individuelles Maß für Ihren Tisch bestimmen, sowohl für Decken als auch für Läufer oder Milieus. Alle Muster dieses Buches lassen sich in ihrer Größe verändern, berücksichtigt werden muß lediglich ein anderer Garn- und Stoffverbrauch.

Und dann die Farben! Hier lohnt es sich wirklich, einmal ausgefallene Farben zu Ihrer Einrichtung zu wagen. Haben Sie sich für eine Grundfarbe entschieden, gibt es immer noch drei Varianten: Stoffquadrat und Spitze passen Ton-in-Ton zusammen. Oder Sie wählen die Garnfarbe einen Ton heller als die Stoffarbe. Als dritte Möglichkeit fällt die Spitze einen Ton dunkler aus als der Stoff.

Wer den Stoff nicht nur mit Spitzen umranden möchte, entscheidet sich für ein ganzes Quadrat in Filethäkelei. Es wächst dann jeweils im Wechsel mit einem Stoffquadrat wie ein Schachbrett zur kompletten Decke. Auch das ist Häkelpatchwork!

Für welche Art Sie sich auch entscheiden, schreiten Sie mutig zur Tat. Alles Wissenswerte zur technischen Ausführung wird am Anfang dieses Buches exakt erklärt. Die Anleitungen und Häkelschriften zu den einzelnen Modellvorschlägen geben Ihnen genaue Instruktionen zu jeweils einer bestimmten Stoff-/Garnkombination.

Gutes Gelingen und viel Spaß wünscht Ihnen

Ihre

Heidrun Heinrich

Material und Technik

Das Material

Alle Häkelspitzen sind aus Baumwollgarnen der verschiedensten Stärke angefertigt. In zwei Fällen (Seite 14 und 38) findet stärkeres Leinengarn Verwendung; bei einem Modell besteht die Häkelei aus Metallgarn (Seite 44).

Für die Spitzen als auch für die Häkelquadrate ist es wichtig, daß der Stoff in der Materialzusammensetzung und Stärke dem Garn angepaßt wird. Dies ist von Bedeutung für das Aussehen des fertiggestellten Modells, für ein problemloses Ausarbeiten sowie für die spätere Wäschepflege.

Werden Häkeleien an Leinenstoffen angebracht, so sollten Sie das Leinen vorher waschen. Dadurch wird das spätere Einlaufen vermieden, das ein welliges Aussehen verursachen würde.

Es ist ratsam, sich über die Größe des gewünschten Häkelpatchwork-Modells vorher im klaren zu sein, denn sowohl das Garn als auch die Stoffquadrate sollten jeweils aus *einer* Farbpartie gekauft werden.

Garn- und Häkelnadelstärken

So wie Stoff und Garn zusammenpassen sollten, so sollte auch die Häkelnadelstärke der Garnstärke angepaßt werden. Die in den Anleitungen genannten Stärken sind lediglich eine Empfehlung. Fällt die Häkelei sehr locker aus, so ist eine dünnere Häkelnadel zu verwenden. Wer sehr fest häkelt, verwendet eine stärkere Nadel.

Bei Häkelspitzen ist festes Häkeln besser als lockeres. Sie sollten daher die Schlinge auf der Nadel kurz halten. Dies gelingt, wenn der vom Knäuel kommende Faden zwei- bis dreimal um den linken Zeigefinger gewickelt wird.

Die Häkelschrift

Jede Maschenart wird als Symbol gezeichnet. Die reihenweise oder runde Aneinandersetzung dieser Zeichen ergibt die Häkelschrift für die jeweilige Häkelarbeit. Dadurch entfallen lange Anleitungstexte. Aus einer Häkelschrift ist die Reihenfolge, in der die unterschiedlichen Maschen auszuführen sind, ablesbar. Gleichzeitig verdeutlicht sie, wie Maschen bzw. Maschengruppen neben- und übereinanderstehen müssen. Meistens ist auch die Form der Häkelarbeit aus dieser Anordnung schon erkennbar.

In der Regel wiederholt sich eine bestimmte Maschengruppierung. Solch ein Abschnitt wird Mustersatz genannt und ist, wenn nötig, durch Pfeile markiert.

Der Anfang einer Reihe oder Runde ist in der Häkelschrift mit einer Zahl versehen. Die Hinreihen sind von rechts nach links, die Rückreihen von links nach rechts zu lesen. Runden werden ebenfalls von rechts nach links gelesen.

Beim Symbol für Stäbchen ist deren Höhe an Querstrichen ersichtlich; jeder kurze Querstrich bedeutet einen Umschlag, der vor dem Durchziehen durch die Schlinge aufgenommen werden muß.

Sind Symbole *unten* zu einer Spitze gezeichnet, werden die entsprechenden Maschen alle in die gleiche Einstichstelle gearbeitet.

Sind Symbole *oben* zu einer Spitze gezeichnet, werden die entsprechenden Maschen zusammen abgemascht. Das bedeutet, jede Masche wird bis auf die letzte Schlinge abgehäkelt und mit einem weiteren Umschlag werden alle auf der Häkelnadel befindlichen Schlingen zusammen abgemascht.

Wenn nicht gesondert vermerkt, werden Maschen, die über Luftmaschen oder Luftmaschenbogen gezeichnet sind, *um* die Luftmaschen gehäkelt.

Die Häkelpatchwork-Technik

Es gibt drei verschiedene Möglichkeiten, um Stoffquadrate zu erhalten:

1. Stoffquadrate selbst herstellen
Dafür wird der gewünschte Handarbeitsstoff, der in der Regel eine Dichte von

Abkürzungen in den Anleitungen

A = Anfang
M = Masche
R = Reihe
Rd = Runde
Fb = Farbe
Knl = Knäuel
MS = Mustersatz
Lm = Luftmasche
Km = Kettmasche
fM = feste Masche
hStb = halbes Stäbchen
Stb = Stäbchen
Dstb = Doppelstäbchen

7 – 8 Fäden pro cm aufweisen sollte, als Meterware gekauft. Günstig ist es, bei der Größenberechnung der einzelnen Quadrate die Stoffbreite zu berücksichtigen (140 cm / 170 cm / 180 cm). Um diese voll zu nutzen, ergeben sich Maße von beispielsweise 23 x 23 cm oder 27 x 27 cm.

Ein übrig gebliebenes Stoffstück läßt sich auch einzeln umhäkelt als dekoratives Deckchen verwenden. Außerdem eignet es sich hervorragend zum Ausprobieren, wie der Mustersatz pro Seite aufgeht, falls Qualität und Größe von der vorgegebenen Anleitung abweichen.

Unerläßlich für gerade Stoffkanten ist ein *fadengerader* Stoffzuschnitt. Nur so wird auch ein sauberes Häkelbild gewährleistet. Für das Umkanteln ist eine Overlockmaschine erforderlich. Eine einfache Zickzackversäuberung mit der Haushaltsnähmaschine genügt nicht, da die Ecken beim Umhäkeln zu leicht einreißen.

Der Vorteil dieser ersten Methode ist der günstige Preis und die bedeutend größere Farbauswahl als bei fertig gekauften Stoffquadraten.

2. Fertig umkantelte Stoffquadrate kaufen
Der Fachhandel bietet eine gute Auswahl fertig umkantelter Stoffquadrate, an denen Sie sofort mit der Häkelei beginnen können. Die Standardmaße sind in der Regel 20 x 20 cm und 30 x 30 cm.

3. Stoffquadrate mit Lochrand kaufen
Am einfachsten lassen sich Quadrate mit Lochrand umhäkeln. Es gibt sie außer in den unter 2. genannten Größen noch in 38 x 38 cm oder in rechteckiger Form, z. B. als passendes Set zur Decke. Neuerdings werden auch Achtecke, Herzen und Sterne mit Lochrand angeboten, die sich ebenfalls reizvoll zusammensetzen lassen.

Zeichenerklärung

 = Luftmasche

 = Kettmasche

 = feste Masche

 = 2 feste Maschen in eine Einstichstelle

 = Eckbildung aus 3 festen Maschen in einer Einstichstelle, getrennt durch je 1 Luftmasche

 = 2 zusammen abgemaschte feste Maschen

 = halbes Stäbchen

 = Stäbchen

 = Doppelstäbchen

 = Dreifachstäbchen

 = Fünffachstäbchen

 = 2 Stäbchen in eine Einstichstelle

 = 3 Stäbchen in eine Einstichstelle, jeweils getrennt durch 1 Luftmasche

 = 2 zusammen abgemaschte Stäbchen

 = 1 Stäbchen + 2 Doppelstäbchen + 1 Stäbchen, zusammen abgemascht

 = 2 Doppelstäbchen + 2 Dreifachstäbchen + 2 Doppelstäbchen in eine Einstichstelle

 = Gabelstäbchen (2 Umschläge auf die Nadel nehmen und in die entsprechende Masche einstechen, Schlinge durchholen, mit je 1 Umschlag 3 x 2 Schlingen abmaschen; 5 Lm, 1 Umschlag, in die oben aufliegenden Abmaschschlingen einstechen, Schlinge durchholen, mit je 1 Umschlag 2 x 2 Schlingen abmaschen.)

 = 5 Luftmaschen und 2 zusammen abgemaschte Dreifachstäbchen in eine Einstichstelle

 = 2 zusammen abgemaschte Doppelstäbchen und 3 Luftmaschen + 1 feste Masche + 3 Luftmaschen und 2 zusammen abgemaschte Doppelstäbchen in eine Einstichstelle

 = Pikot (3 oder 4 Luftmaschen, in die 1. dieser Luftmaschen 1 feste Masche.)

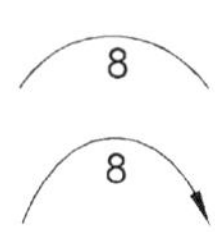

= Zahlen unter einem Bogen nennen die Anzahl der Luftmaschen für einen Luftmaschen-Bogen

 = dünne Pfeile in der Häkelschrift deuten den Häkelverlauf an

Abb. 1 zeigt einen Ausschnitt eines mit der Overlockmaschine umkantelten oder fertig gekauften Stoffquadrates.

Abb. 2: Das Stoffquadrat wurde ringsum mit fM umhäkelt (= 1. Musterrunde). Dafür nach je 2 Gewebefäden 4 Fäden tief einstechen. In der Regel werden in jede Ecke 3 fM, getrennt durch je 1 Lm, in eine Einstichstelle gearbeitet.
Das Umhäkeln erfolgt mit einer Häkelnadel, die eine Viertelnummer feiner ist als die, mit der die Spitze ausgeführt wird. Dadurch vermeiden Sie, daß die Einstichstellen im Stoff als große Löcher erscheinen. In Ausnahmefällen kann der Unterschied zwischen beiden Häkelnadeln auch eine halbe Nummer betragen (vgl. Materialangaben bei den einzelnen Modellen).

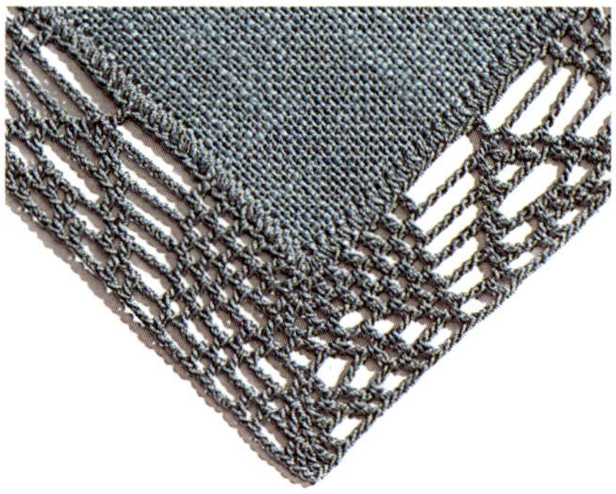

Abb. 3: Das eigentliche Häkelmuster (= 2. Musterrunde) beginnt kurz vor der Ecke und wird mit der stärkeren Häkelnadel entsprechend der Häkelschrift in Runden gearbeitet.

Abb. 4 zeigt ein Beispiel für ein Lochranddeckchen. Der etwas überstehende Stoff ist knapp oberhalb des dicht gestickten Lochrandes abgeschnitten. Wer ein versehentliches Anschneiden der Lochrandsteppung befürchtet, kann den Stoff auch 3 mm außerhalb des Lochrandes abschneiden. Dieser Rand wird dann nach hinten umgeschlagen und in der ersten Häkelrunde mitgefaßt.

Abb. 5: Die Lochkante wird ringsum mit fM umhäkelt: bei stärkeren Garnen in jedes Loch 1 fM, bei feineren Garnen in jedes Loch 2 fM.

Abb. 6 zeigt eine Seite eines fertig umhäkelten Lochranddeckchens. Umrandung und Spitze werden bei Lochranddeckchen mit derselben Häkelnadelstärke ausgeführt.

Die Filethäkelei

Die Filethäkelei stellt einen Gittergrund aus »leeren« und »vollen« Kästchen dar. Ein leeres Kästchen besteht aus 1 Stb + 2 Lm; beim vollen werden die Lm durch 2 Stb ersetzt, die um die Lm der Vorreihe oder -runde gehäkelt werden. Anstelle von Stb werden beim »großen Filetmuster« Dstb und 3 Lm ausgeführt. Das eigentliche Muster ergibt sich durch die vollen Kästchen; es ist als Zählmuster mit leeren und vollen Karos gezeichnet.

Filetmuster können auf zwei Arten gearbeitet werden:

1. in Reihen
Auf eine Luftmaschenkette werden die entsprechenden Kästchen gehäkelt und in hin- und hergehenden Reihen übereinander fortgeführt. Oft bestehen die erste und die letzte Reihe nur aus vollen Kästchen, was – wie im Falle der Patchworkquadrate – ein einfacheres Anbringen an den Stoff ermöglicht.

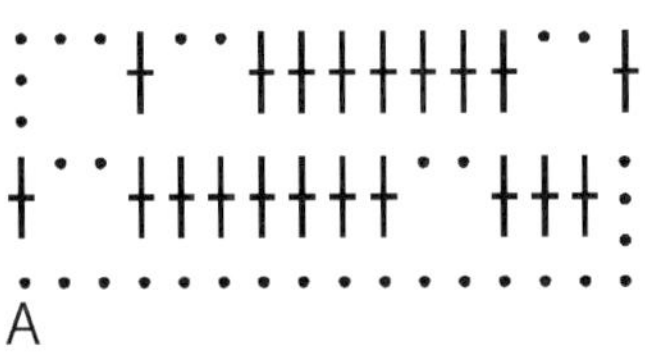

Für den Luftmaschenanschlag wird die Anzahl der Kästchen x 3 genommen + 1 Lm für die Ecke des letzten Kästchens. Hinzu kommen noch 5 Lm für das 1. leere Kästchen oder 3 Lm für das 1. Stb der 1. Reihe.

Fallen die gehäkelten Stb sehr niedrig aus, so ergibt die gleiche Kästchen-Anzahl in Breite und Höhe keine quadratische Form. Aus diesem Grund ist es wichtig, vor Häkelbeginn eine Maschenprobe anzufertigen. Sie sollte je nach Garnstärke 15 – 20 Kästchen in der Breite und ebenso viele Reihen in der Höhe betragen, um die Anzahl der Kästchen bzw. Reihen auf 10 x 10 cm errechnen zu können. Am besten wird ein Ausschnitt des Musters gewählt, der auch etliche gefüllte Kästchen im Filetgrund aufweist. Wenn Sie eine quadratische Form erreichen wollen und es das Muster erlaubt (z. B. bei den Decken auf den Seiten 20 und 42), werden einfach in der Höhe mehr leere Kästchen als in der Breite gehäkelt. Falls dies nicht möglich ist, müssen Sie in Runden häkeln.

2. in Runden (von der Mitte aus)
Beispiel a): Filetmuster mit leeren Anfangs-Kästchen in ungerader Anzahl

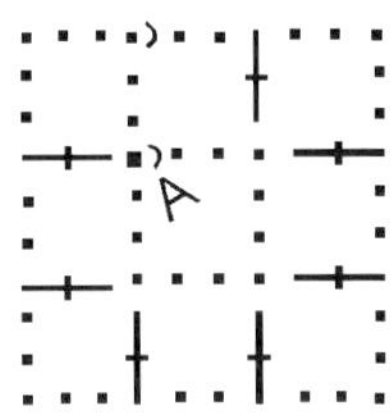

12 Lm für das mittlere Kästchen anschlagen und mit 1 Km zur Rd schließen. Die eckbildenden Stb stechen *in* die Lm ein.

Beispiel b): großes Filetmuster mit leeren Mittel- und Eck-Kästchen

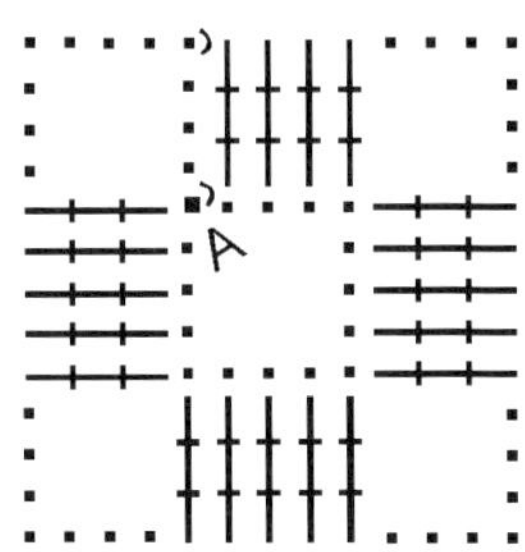

16 Lm für das mittlere Kästchen anschlagen und mit 1 Km zur Rd schließen. Die Dstb der 1. Rd stechen *in* die Lm ein.

Beispiel c): großes Filetmuster mit leerem Mittelkästchen und gefüllten Kästchen in der 1. Rd

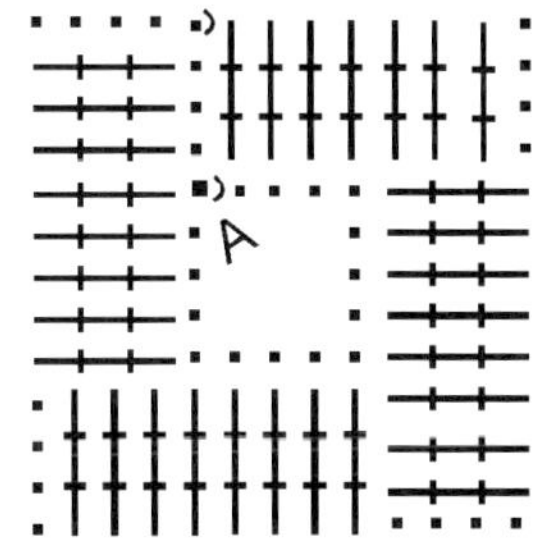

16 Lm für das mittlere Kästchen anschlagen und mit 1 Km zur Rd schließen. Nach dem letzten Dstb in der Ecke die Häkelei um 90° drehen; in die beiden Abmaschglieder des darunter querliegenden Dstb und in das Dstb selbst je 1 Dstb (= 3 Dstb) häkeln. Das nächste Dstb in die gleiche Einstichstelle wie das letzte Eck-Dstb der anderen Seite arbeiten. Falls es das Muster erfordert, werden alle Eck Kästchen der weiteren Rd genauso ausgeführt.

Das Verbinden von Patchworkquadraten

Die umhäkelten Quadrate werden am einfachsten beim Häkeln der jeweils letzten Runde miteinander verbunden. Dies ist ab dem 2. Quadrat möglich, indem dieses mit Km oder fM in ein bereits umhäkeltes eingehängt wird. In den Häkelschriften sind diese Stellen jeweils mit den entsprechenden Maschensymbolen markiert. Bei allen weiteren Quadraten werden bereits 2 bzw. 3 Seiten untereinander verbunden.

Luftmaschenbogen werden miteinander verbunden, indem statt der mittleren Lm eines Bogens 1 fM *um* den gegenüberliegenden Bogen gearbeitet wird.

Quadrate mit geradem Spitzenabschluß können auch einzeln fertiggestellt werden. Sie werden dann zum Schluß mit fM und Lm zusammengehäkelt (siehe Anleitung zu den einzelnen Decken).

Quadrate im Filethäkelmuster werden mit Stoffquadraten schachbrettartig zusammengesetzt. Dabei liegt die äußere Häkelumrandung auf den Stoffkanten auf (so wird auch der umkantelte Rand verdeckt). Dann können Sie das Häkelquadrat mit der Nähmaschine feststeppen; einen geraderen Verlauf erzielt man beim Aufnähen von Hand. Allerdings läßt es sich nicht vermeiden, daß sich diagonal aufeinanderstoßende Ecken etwas überlappen.

Das Spannen

Eine Häkelarbeit kommt erst voll zur Geltung und erhält ein gleichmäßiges Aussehen, wenn sie nach ihrer Fertigstellung exakt gespannt wird. Dafür legen Sie am besten Karopapier auf eine weiche Unterlage in passender Größe (z. B. auf einen Teppich, eine Matratze oder ein Bügelbrett) und spannen darauf die Häkelei mit nichtrostenden Stecknadeln auf. Teilweise ist es ratsam, die Umrißlinien des zu spannenden Werkes (v. a. bei runden Motiven) auf durchsichtiges Papier zu zeichnen und auf der Rückseite dieses Papiers (wegen des Abfärbens) die Eck- oder Hauptpunkte eines Motivs festzustecken.

Luftmaschenbogen oder Pikots müssen am Rand jeweils einzeln ausgespannt werden. Bei den umhäkelten Quadraten ist es ratsam, erst die Stoffeckpunkte (mit den entsprechenden Zwischenräumen für die auszuspannenden Spitzen) mit Nadeln zu fixieren.

Nun die Decken mit einem Wäschesprüher gleichmäßig anfeuchten, nach Wunsch auch leicht stärken. Erst wenn die Häkelei völlig trocken ist, wieder abspannen.

Eine große Hilfe beim Spannen ist eine spezielle Spann- und Dämpfunterlage (Inox, Art. 8 / 21): eine etwa zentimeterstarke Schaumstoffplatte, die mit Stoff bespannt ist. Dieser Stoff ist auf 70 x 70 cm mit einem Zentimeterraster bedruckt. Eine solche Platte erleichtert die Vorbereitungen sehr, da das Aufzeichnen entfällt, bzw. die Kreiseinteilungen und Diagonallinien eine Hilfestellung beim Markieren geben.

Tips und Tricks

Anschlag
Fällt der Luftmaschenanschlag zu fest aus, so ist eine viertel bis halbe Nummer stärkere Häkelnadel zu wählen. Im umgekehrten Fall, also bei zu lockerer Luftmaschenkette, wird eine feinere Häkelnadel als für die übrige Häkelarbeit verwendet.

Mustersatz – Einteilung
Muster, die in Runden auf Lochkanten oder feste Maschen-Runden gehäkelt werden, müssen »aufgehen«: Dazu wird die 2. Musterrunde der Häkelschrift nur bis zur Seitenmitte gehäkelt. Dann wird ausgezählt, ob der Mustersatz auf die 2. Hälfte paßt. Falls nicht, kann durch ein- oder mehrmaliges Verschieben der Einstichstelle um je eine Masche die Maschenzahl für den Mustersatz unauffällig geregelt werden.

Ränder an Häkelquadraten und Spitzen
Die letzte Umrundung von Häkelquadraten und geraden Spitzen sollte einen festen Rand aufweisen, d.h. aus Stäbchen oder wenigstens festen Maschen ge- oder umhäkelt sein. Das Aufnähen auf den Stoff gelingt so besser und geht einfacher. Auch die versäuberten Stoffkanten sind so besser zu kaschieren. Außerdem wird das Spannen durch einen festen Rand wesentlich erleichtert.

Rundenübergang
Jede Runde wird mit einer Kettmasche geschlossen, die in den Rundenanfang eingestochen wird. Falls notwendig, wird mit weiteren Kettmaschen zum Ausgangspunkt des nächsten Rundenbeginns übergegangen. Die erste Masche einer Runde wird mustergemäß durch Luftmaschen ersetzt.
In einigen Mustern lassen sich Kettmaschen einsparen, indem der letzte Luftmaschenbogen einer Runde nur zur Hälfte mit Luftmaschen ausgeführt wird. Die zweite Hälfte wird durch die Maschenart ersetzt, deren Höhe den fehlenden Luftmaschen entspricht (in der Abbildung ein Stäbchen). Auf diese Weise ist der Übergang zur neuen Runde erreicht.

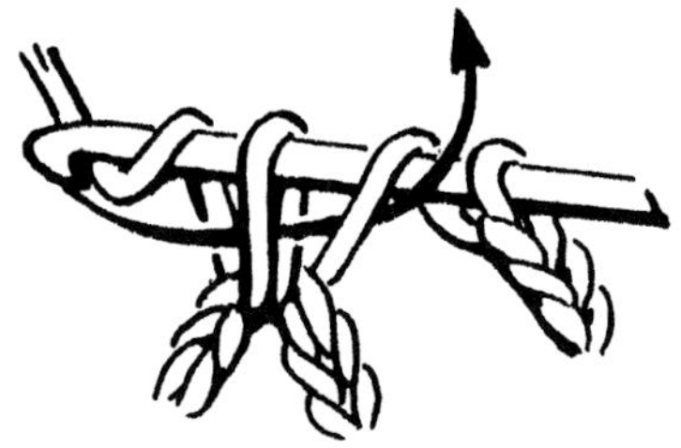

Verwahren von Fäden
Anfangs- und Endfäden werden auf der Rückseite der Häkelei möglichst unsichtbar im Musterverlauf vernäht. Beim Umhäkeln mit festen Maschen oder beim Häkeln in Runden kann der Anfangsfaden gleich überhäkelt werden.

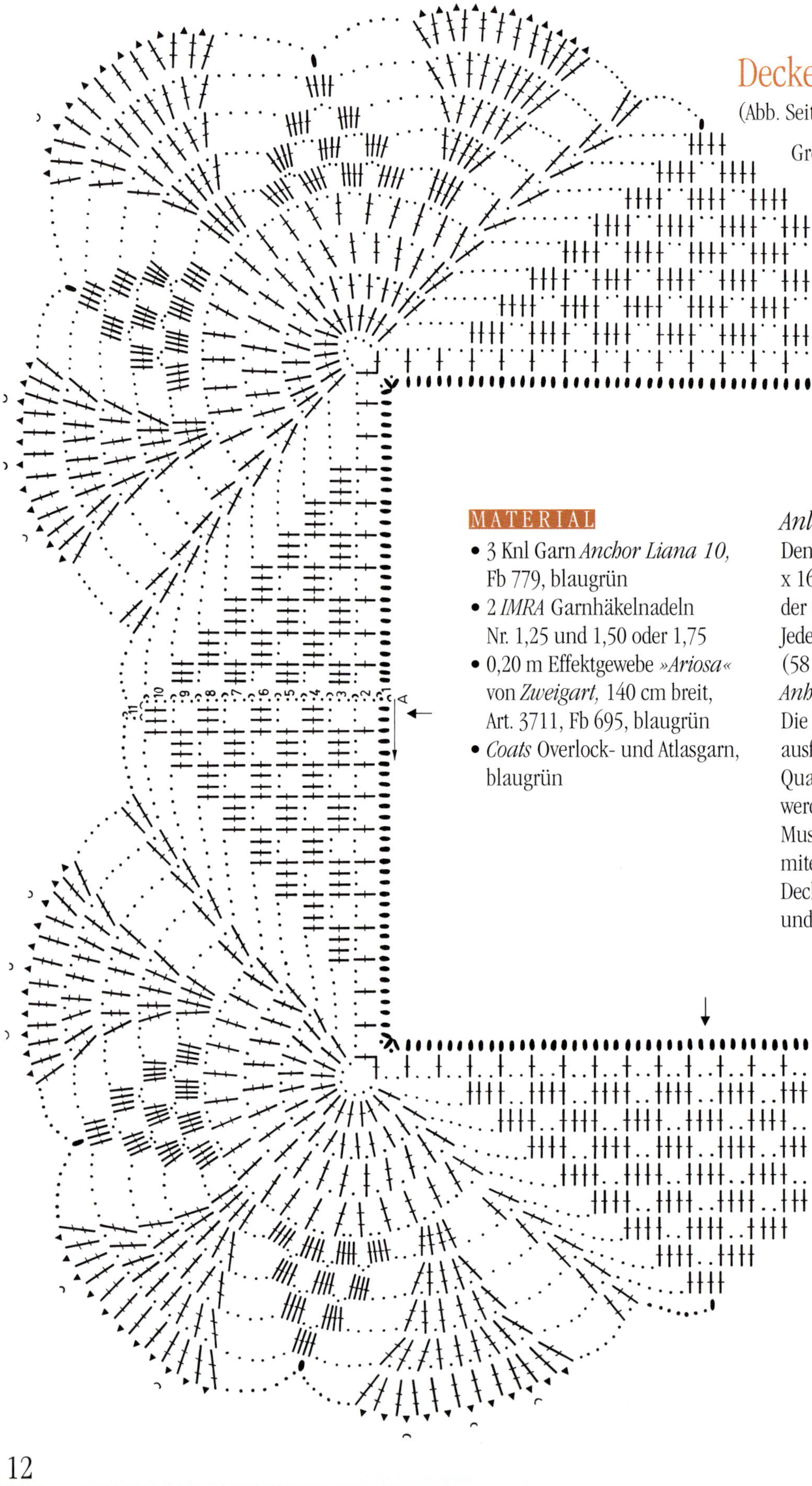

Decke »Bogenecken«

(Abb. Seite 11)

Größe eines Quadrates:
ca. 32 x 32 cm
Fertige Deckengröße:
ca. 64 x 64 cm
Spitzenbreite:
ca. 7,5 cm

MATERIAL

- 3 Knl Garn *Anchor Liana 10,* Fb 779, blaugrün
- 2 *IMRA* Garnhäkelnadeln Nr. 1,25 und 1,50 oder 1,75
- 0,20 m Effektgewebe *»Ariosa«* von *Zweigart,* 140 cm breit, Art. 3711, Fb 695, blaugrün
- *Coats* Overlock- und Atlasgarn, blaugrün

Anleitung

Den Stoff in 4 Quadrate zu je 16,5 x 16,5 cm zuschneiden und mit der Overlockmaschine versäubern. Jedes Quadrat mit fM umhäkeln (58 fM + Eckbildung je Seite; siehe *Anhäkeln von Spitzen* auf Seite 8). Die Rd 2 – 11 nach der Häkelschrift ausführen; sie stellt die Hälfte eines Quadrates dar. In der letzten Rd werden ab dem zweiten Quadrat die Muster wie gezeichnet durch Km miteinander verbunden. Die fertige Decke exakt spannen, anfeuchten und trocknen lassen.

Decke »Blüten«

Größe eines Quadrates: ca. 28,5 x 28,5 cm
Fertige Deckengröße: ca. 57 x 57 cm
Spitzenbreite: ca. 2,8 cm

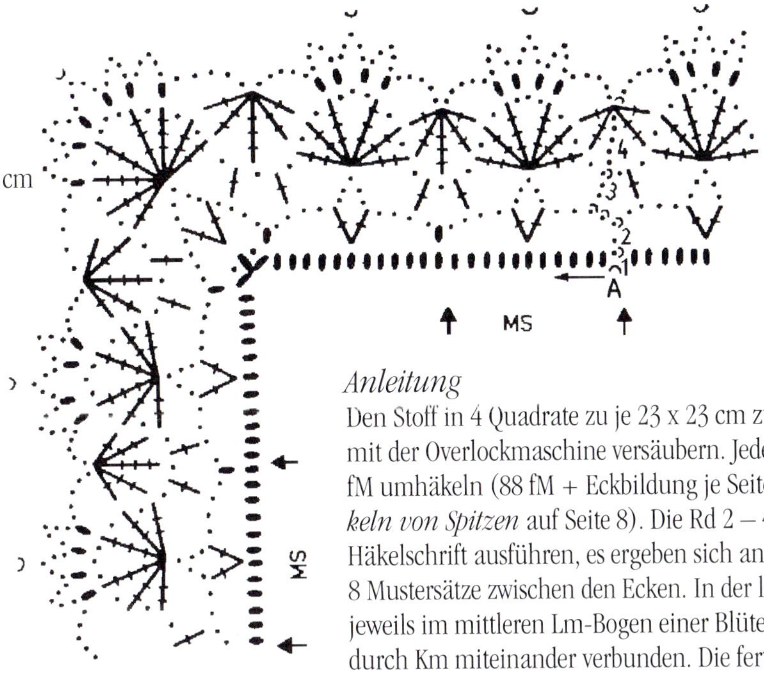

MATERIAL

- 2 Knl Garn *Anchor Liana 10,* Fb 131, royalblau
- 2 *IMRA* Garnhäkelnadeln Nr. 1,25 und 1,50
- 0,25 m Zählstoff *»Bellana«* von *Zweigart,* 140 cm breit, Art. 3256, Fb 547, royalblau
- *Coats* Overlock- und Atlasgarn, blau

Anleitung

Den Stoff in 4 Quadrate zu je 23 x 23 cm zuschneiden und mit der Overlockmaschine versäubern. Jedes Quadrat mit fM umhäkeln (88 fM + Eckbildung je Seite; siehe *Anhäkeln von Spitzen* auf Seite 8). Die Rd 2 – 4 nach der Häkelschrift ausführen, es ergeben sich an jeder Stoffseite 8 Mustersätze zwischen den Ecken. In der letzten Rd werden jeweils im mittleren Lm-Bogen einer Blüte die Quadrate durch Km miteinander verbunden. Die fertige Decke spannen, anfeuchten und trocknen lassen.

Decke »Stilisierte Tulpen«

Größe eines Häkelquadrates:
ca. 25 x 25 cm
Größe eines Stoffquadrates:
ca. 24 x 24 cm
Motivanzahl:
4 Häkelquadrate, 5 Stoffquadrate
Fertige Deckengröße: ca. 72 x 72 cm

MATERIAL

- 3 Knl Garn *Anchor Leinen 10,* Fb 390, sand
- 1 *IMRA* Garnhäkelnadel Nr. 1,75
- 0,25 m Effektgewebe *»Ariosa«* von *Zweigart,* 140 cm breit, Art. 3711, Fb 59, sandmeliert
- *Coats* Overlock- und Atlasgarn, sand
- Nähgarn, sand

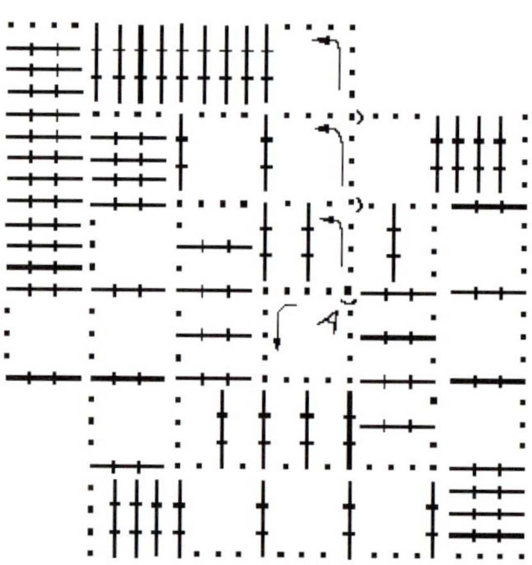

Häkelschrift

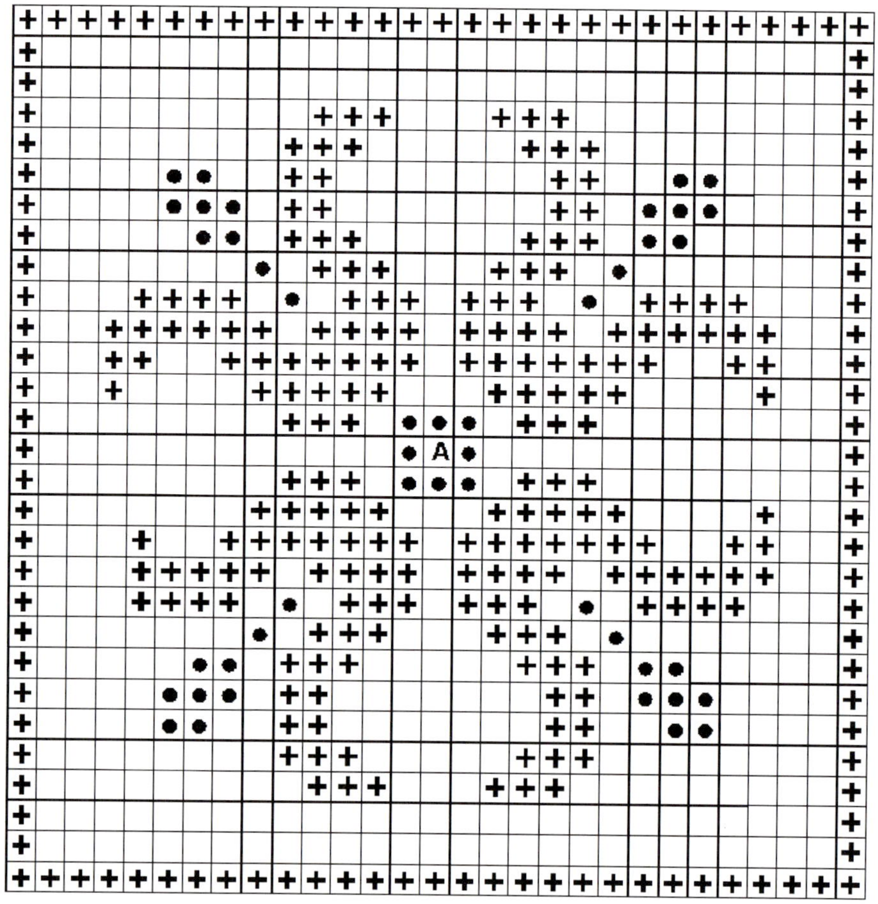

Zählmuster

Maschenprobe
12 Kästchen x 12 Rd ergeben 10 x 10 cm.

Anleitung
Für ein Häkelquadrat 16 Lm anschlagen und mit 1 Km zur Rd schließen. Weiter nach Häkelschrift bzw. Zählmuster in Rd arbeiten. Die Häkelschrift zeigt die Anfangsrunden zur Veranschaulichung der leeren, halbgefüllten und gefüllten Kästchen des »großen Filetmusters«. Die fertigen Quadrate spannen, anfeuchten und trocknen lassen.

Den Stoff in 5 Quadrate à 24 x 24 cm zuschneiden und mit der Overlockmaschine (und dem Overlockgarn) versäubern. Ein Häkelquadrat jeweils so zwischen zwei Stoffquadrate legen, daß die letzte Dstb-Rd auf dem Stoff aufliegt; feststeppen oder von Hand aufnähen (mit dem Nähgarn). Nach Fertigstellung die äußeren, versäuberten Stoffkanten mit fM überhäkeln.

Zeichenerklärung:

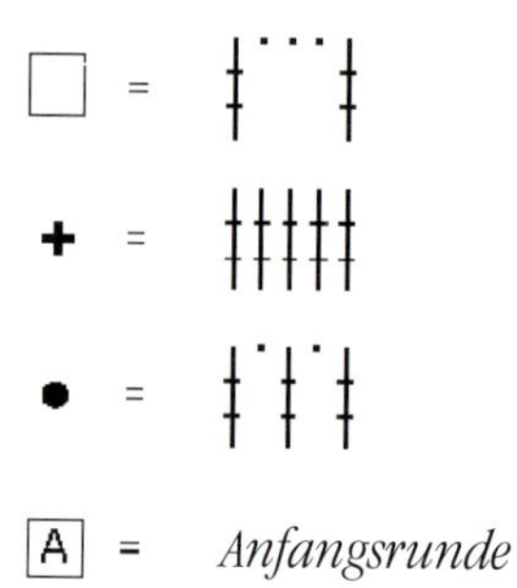

Decke »Zacken«

Größe eines Quadrates: ca. 33 x 33 cm
Fertige Deckengröße: ca. 70 x 70 cm
Spitzenbreite: ca. 3 cm / mit Außenumrandung: ca. 5,5 cm

MATERIAL

- 2 Knl Garn *Coats Aida 10,* Fb 5973, apricot
- 2 *IMRA* Garnhäkelnadeln Nr. 1,25 und 1,50
- 0,30 m Effektgewebe *»Ariosa«* von *Zweigart,* 140 cm breit, Art. 3711, Fb 487, terracotta
- *Coats* Overlock- und Atlasgarn, terracotta

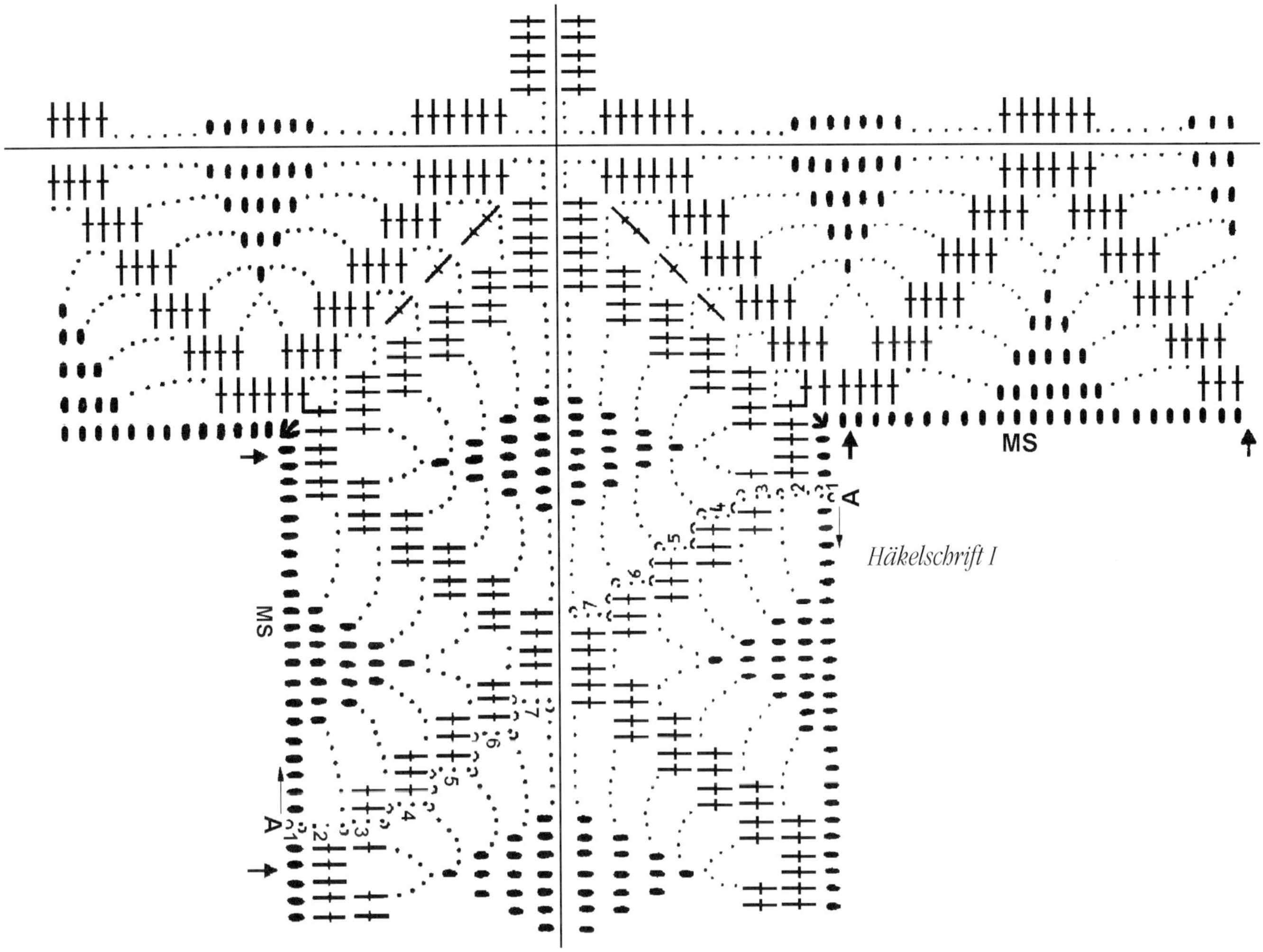

Häkelschrift I

Anleitung

Den Stoff in 4 Quadrate zu je 27 x 27 cm zuschneiden und mit der Overlockmaschine versäubern. Jedes Quadrat mit fM umhäkeln (96 fM + Eckbildung je Seite; siehe *Anhäkeln von Spitzen* auf Seite 8). Die Rd 2 – 7 nach Häkelschrift I ausführen; es ergeben sich an jeder Stoffseite 4 Mustersätze + die eingezeichnete Maschenanzahl zu den Ecken hin. Auf diese Weise 4 Quadrate einzeln fertigstellen und dann erst zusammenhäkeln. Dazu die Teile mit der linken Seite nach oben legen und mit fM und Lm wie folgt verbinden: die 1., 3., 5. und 7. fM einer »Rhombenmitte« sowie das 1., 2., 4. und 6. Stb mit je 1 fM zusammenhäkeln, dazwischen je 2 Lm ausführen; die Lm-Bogen mit jeweils 6 Lm übergehen.

Nun die Umrandung um die Decke ausführen. Nach Häkelschrift II den Faden bei a neu anschlingen und jede Zacke getrennt in Reihen häkeln. Die fertige Decke spannen, anfeuchten und trocknen lassen.

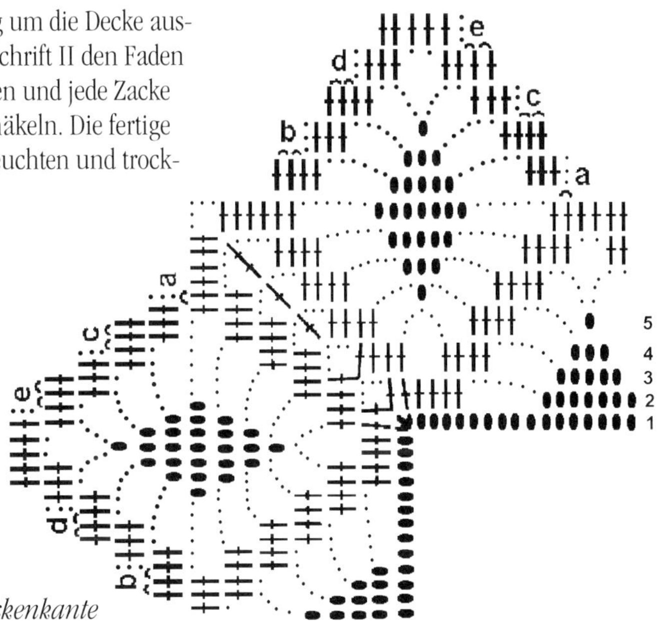

Häkelschrift II
Umrandung – Zackenkante

Häkelschrift II
Umrandung

Anleitung
Gegebenenfalls den Stoff in 4 Quadrate zu je 30 x 30 cm zuschneiden und mit der Overlockmaschine versäubern. Jedes Quadrat mit fM umhäkeln (104 fM + Eckbildung je Seite; siehe *Anhäkeln von Spitzen* auf Seite 8). Die Rd 2 – 6 nach Häkelschrift I ausführen; es ergeben sich an jeder Stoffseite 9 Mustersätze + die

Decke »Kreuz und Bogen«

Größe eines Quadrates:
ca. 35 x 35 cm
Fertige Deckengröße: ca. 76 x 76 cm
Spitzenbreite: ca. 2,5 cm / mit Außenumrandung: ca. 3 cm

MATERIAL
- 2 Knl Garn *»Rosanna«* von *Lang,* Fb 1705, gelb
- 2 *IMRA* Garnhäkelnadeln Nr. 1,25 und 1,50
- 0,30 m Strukturstoff *»Tirol«* von *Leibfried,* 140 cm breit, Art. 5008, Fb 121, vanillegelb
  oder 4 fertig umkantelte Stoffquadrate *»Tirol«* von *Leibfried,* 30 x 30 cm, Fb 121, vanillegelb
- *Coats* Overlock- und Atlasgarn, gelb

eingezeichnete Maschenanzahl zu den Ecken hin. In der 6. Rd stechen die Stb jeweils *in* die Lm ein.

Auf diese Weise 4 Quadrate einzeln fertigstellen und dann zusammenhäkeln. Dazu die Teile mit der *rechten* Seite nach oben legen und mit fM und Lm wie folgt verbinden: jedes Stb mit je 1 fM zusammenhäkeln, dazwischen je 1 Lm ausführen. So ergibt sich eine dekorative »Nahtstelle« auf der Vorderseite.

Nach Häkelschrift II den Faden bei a neu anschlingen und die Umrandung in einem einzigen Arbeitsgang fertigstellen. Die fertige Decke spannen, anfeuchten und trocknen lassen.

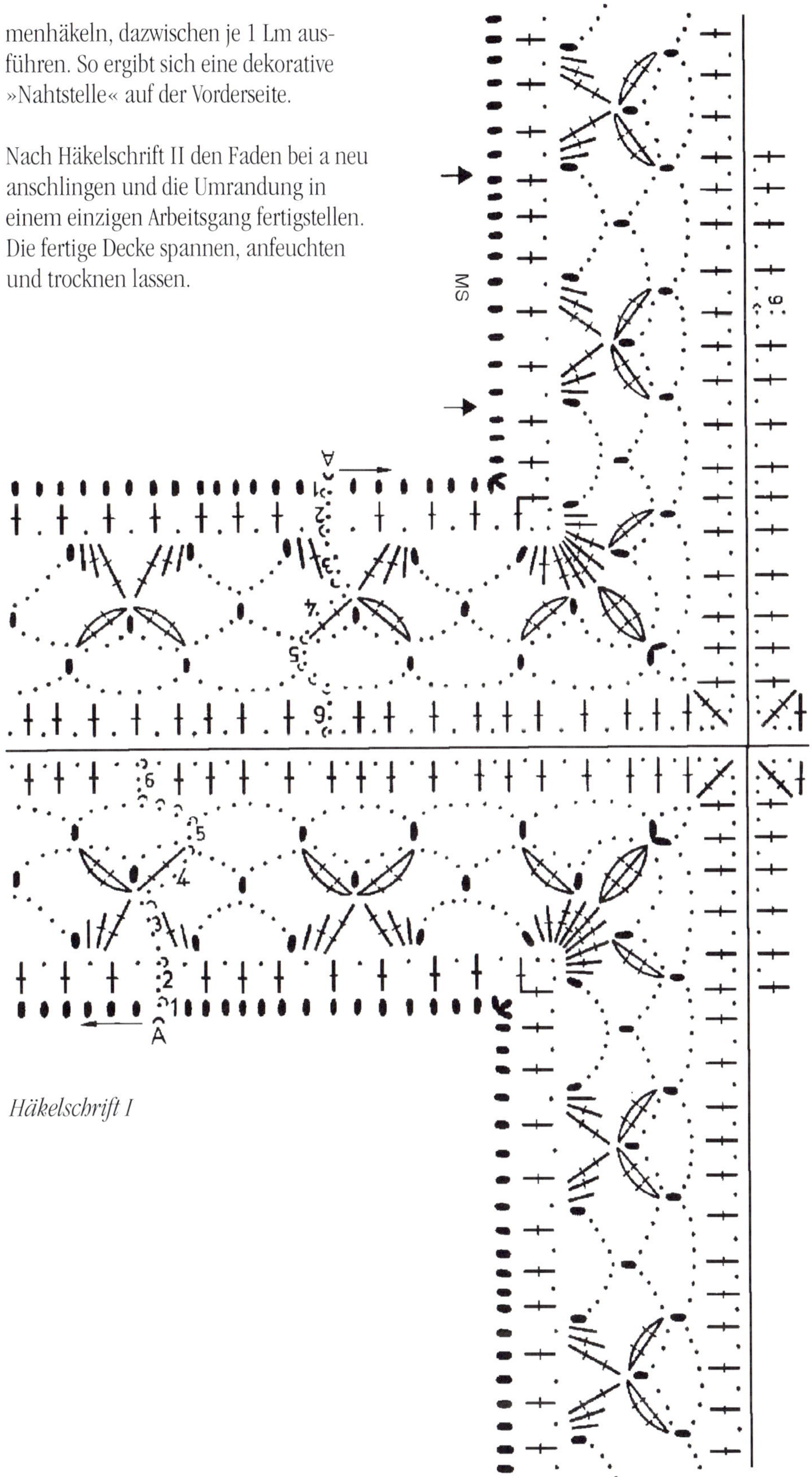

Häkelschrift I

Decke »Eichenblatt«

Größe eines Häkelquadrates:
ca. 19 x 19 cm
Fertige Deckengröße: ca. 80 x 80 cm

MATERIAL

- 2 Knl Garn *»Rosanna«* von *Lang,* Fb 1718, tannengrün
- 1 *IMRA* Garnhäkelnadel Nr. 1,50
- 0,80 m Stoff *»Toskana-Karo«* von *Frankfurter Handarbeiten,* 165 cm breit, Art. 63622 07, weiß-grün-Karo
- *Coats* Overlock- und Atlasgarn, grün
- Nähgarn, grün

Maschenprobe
19 Kästchen x 22 R ergeben 10 x 10 cm.

Anleitung
Für ein Häkelquadrat 108 Lm + 4 Wende-Lm anschlagen und nach dem Zählmuster das erste Quadrat in Reihen arbeiten (nähere Erklärungen siehe *Filethäkelei* Seite 9). Für die drei weiteren Quadrate das Zählmuster jeweils um 90° drehen, so daß vier verschiedene Blattrichtungen entstehen. Die fertigen Quadrate spannen, anfeuchten und trocknen lassen.

80 x 80 cm Stoff zuschneiden und in jeder Ecke 18,5 cm x 18,5 cm ausschneiden. Mit der Overlockmaschine (und dem Overlockgarn) ringsum versäubern. Die Häkelquadrate lt. Anordnungsskizze anbringen (je 1 senkrechte und 1 waagrechte Stb-R liegen auf dem Stoff auf); feststeppen oder von Hand aufnähen (mit dem Nähgarn). Nach Fertigstellung die Stoffkanten mit fM umhäkeln.

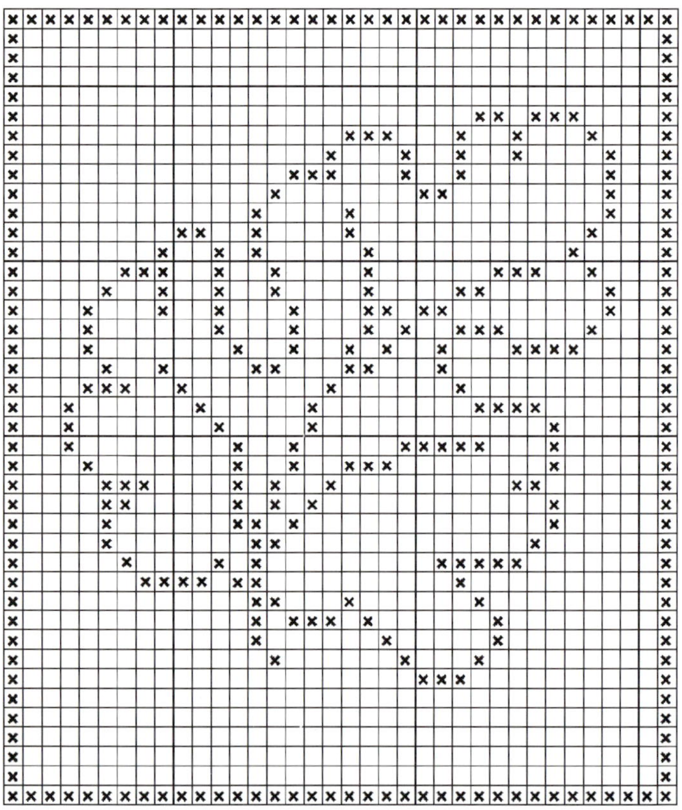

Zeichen-erklärung:

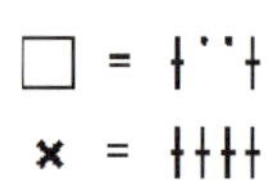

Anordnungsskizze

Häkelschrift

Decke »Herzblüte«

Größe eines Häkelquadrates:
ca. 23 x 23 cm
Größe eines Stoffquadrates:
ca. 22 x 22 cm
Motivanzahl:
5 Häkelquadrate, 4 Stoffquadrate
Fertige Deckengröße: ca. 72 x 72 cm

MATERIAL

- 3 Knl Garn *Anchor Liana 10,* Fb 871, aubergine
- 1 *IMRA* Garnhäkelnadel Nr. 1,50
- 0,25 m Zählstoff *»Bellana«* von *Zweigart,* 140 cm breit, Art. 3256, Fb 441, aubergine
- *Coats* Overlock- und Atlasgarn, aubergine
- Nähgarn, aubergine

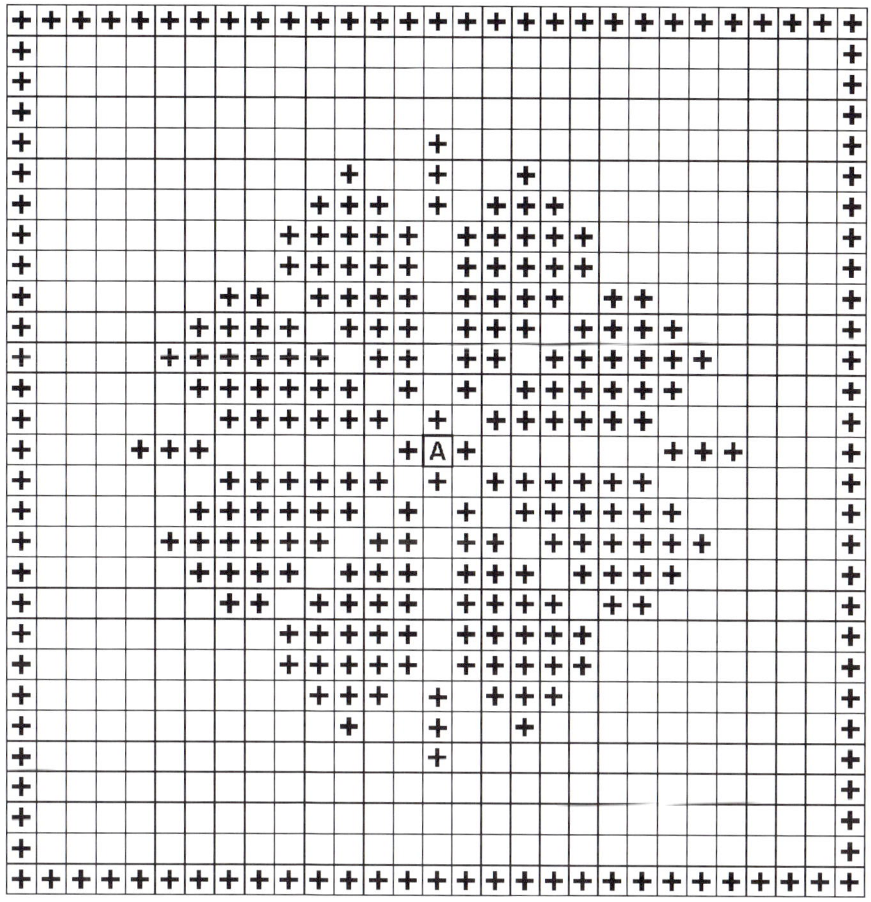

Zählmuster

Zeichenerklärung:

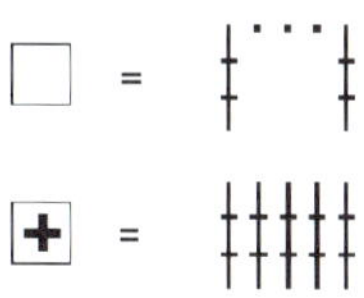

A = *Anfangsrunde*

Maschenprobe

13 Kästchen x 13 Rd ergeben 10 x 10 cm.

Anleitung

Für ein Häkelquadrat 16 Lm anschlagen und mit 1 Km zur Rd schließen. Weiter nach dem Zählmuster im »großen Filetmuster« in Rd arbeiten (nähere Erklärungen siehe *Filethäkelei* Seite 9). Die fertigen Quadrate spannen, anfeuchten und trocknen lassen.

Den Stoff in 4 Quadrate zu je 22 x 22 cm schneiden und mit der Overlockmaschine (und dem Overlockgarn) versäubern. Ein Häkelquadrat jeweils so zwischen zwei Stoffquadrate legen, daß die letzte Dstb-Rd auf dem Stoff aufliegt; feststeppen oder von Hand aufnähen (mit dem Nähgarn). Nach Fertigstellung die äußeren, versäuberten Stoffkanten mit fM überhäkeln. Danach die Umrandung nach der Häkelschrift um die Decke ausführen.

Läufer in Blau

Größe eines Quadrates: ca. 32 x 32 cm
Fertige Läufergröße: ca. 32 x 95 cm
Spitzenbreite: ca. 6 cm

MATERIAL

- 2 Knl Garn *Coats Aida 10,* Fb 129, himmelblau
- 2 *IMRA* Garnhäkelnadeln Nr. 1,25 und 1,50
- 3 Anhäkelquadrate *»Kärnten«* von *Frankfurter Handarbeiten,* 20 x 20 cm, Art. 61897 41, Fb mittelblau

Anleitung

Jedes Stoffquadrat mit fM umhäkeln (75 fM + Eckbildung je Seite; siehe *Anhäkeln von Spitzen* auf Seite 8). Die Rd 2 – 10 nach der Häkelschrift arbeiten. Diese zeigt von zwei Anhäkelquadraten jeweils 2 bzw. 3 »Spitzenbogen« einer Seite mit einer Eckbildung sowie die Möglichkeit, den Läufer an einer Seite zu einer Decke zu erweitern. Für den Läufer wird in der letzten Rd des zweiten Quadrates nur eine Seite mit der gegenüberliegenden Seite gemäß Häkelschrift verbunden. Den fertigen Läufer spannen, anfeuchten und trocknen lassen.

MEIN TIP

Diese Quadrate eignen sich auch gut zum Zusammensetzen einer Decke. Die vier aneinanderstoßenden Eckbildungen ergeben eine aparte Deckenmitte (vgl. Häkelschrift).

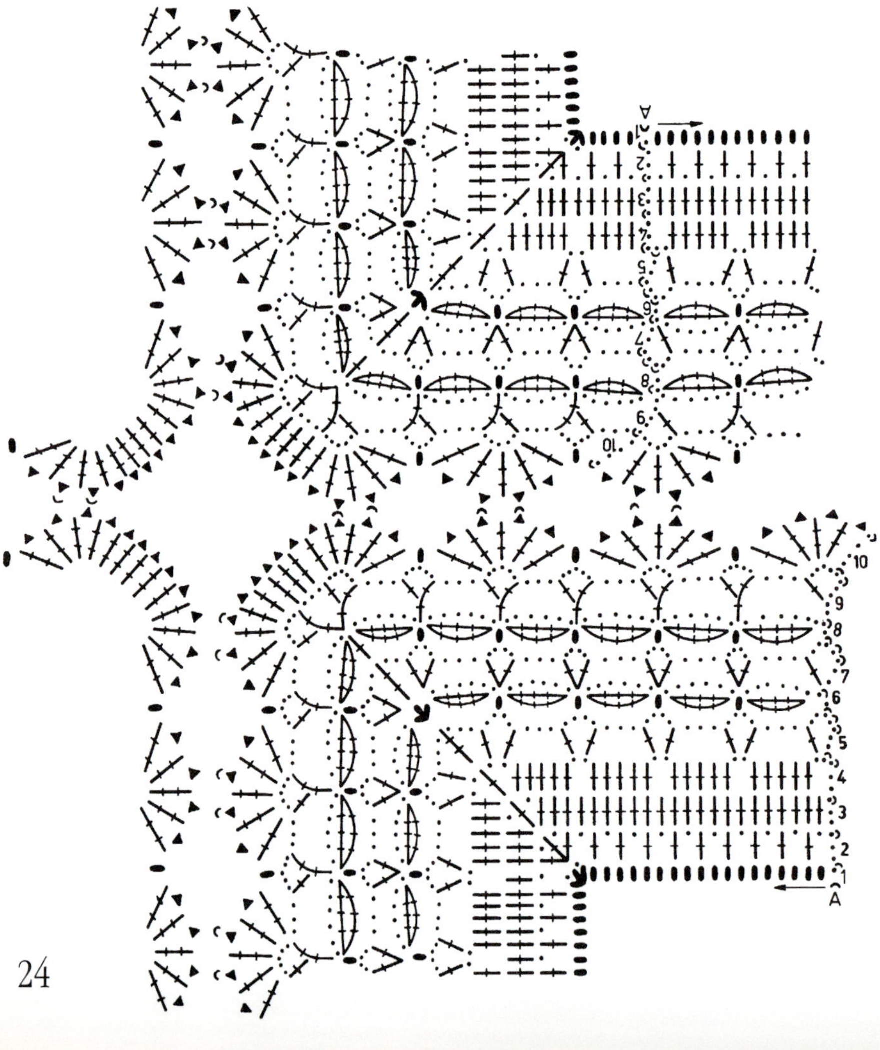

Decke »Spinnengeflecht«

Höhe eines Häkeldreiecks: ca. 16 cm
(von der Stoffkante bis zur Spitze)
Fertige Deckengröße: ca. 90 x 90 cm

Häkelschrift I

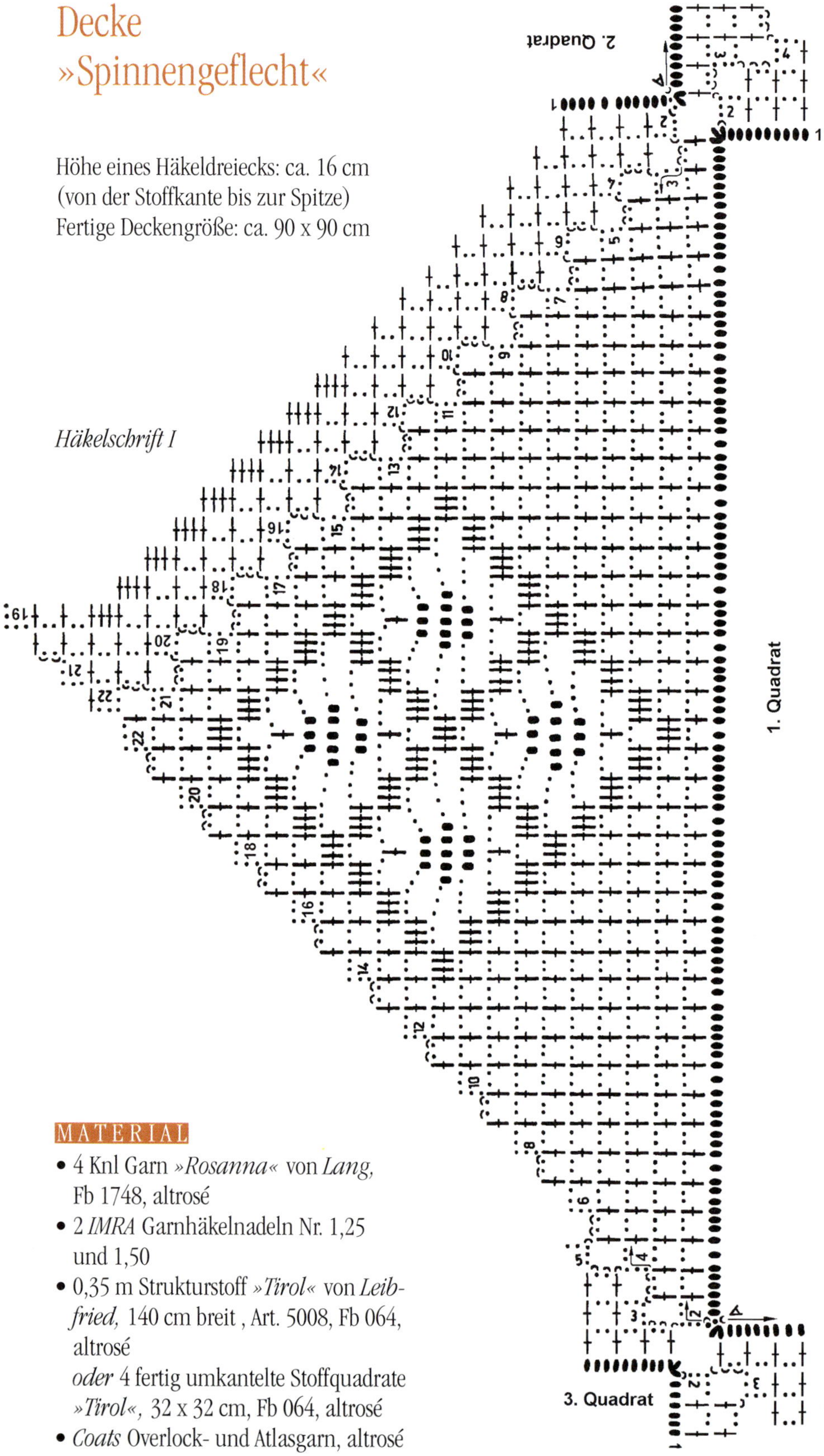

MATERIAL

- 4 Knl Garn *»Rosanna«* von *Lang,* Fb 1748, altrosé
- 2 *IMRA* Garnhäkelnadeln Nr. 1,25 und 1,50
- 0,35 m Strukturstoff *»Tirol«* von *Leibfried,* 140 cm breit , Art. 5008, Fb 064, altrosé
  oder 4 fertig umkantelte Stoffquadrate *»Tirol«,* 32 x 32 cm, Fb 064, altrosé
- *Coats* Overlock- und Atlasgarn, altrosé

Anleitung

Gegebenenfalls den Stoff in 4 Quadrate zu je 32 x 32 cm zuschneiden und mit der Overlockmaschine versäubern. Jedes Quadrat mit fM umhäkeln (109 fM + Eckbildung je Seite; siehe *Anhäkeln von Spitzen* auf Seite 8). Nun wird jede Seite getrennt mit einem Dreieck in hin- und hergehenden R behäkelt. Dieses ist in der Häkelschrift I mit den R 2 – 22 vollständig dargestellt. Weiterhin sind die Anschlußstellen zum 2. und 3. Quadrat vorgegeben. Nach Fertigstellung der 4 Quadrate werden diese mustergemäß aneinandergelegt und jeweils an den Spitzen nach Häkelschrift II verbunden.

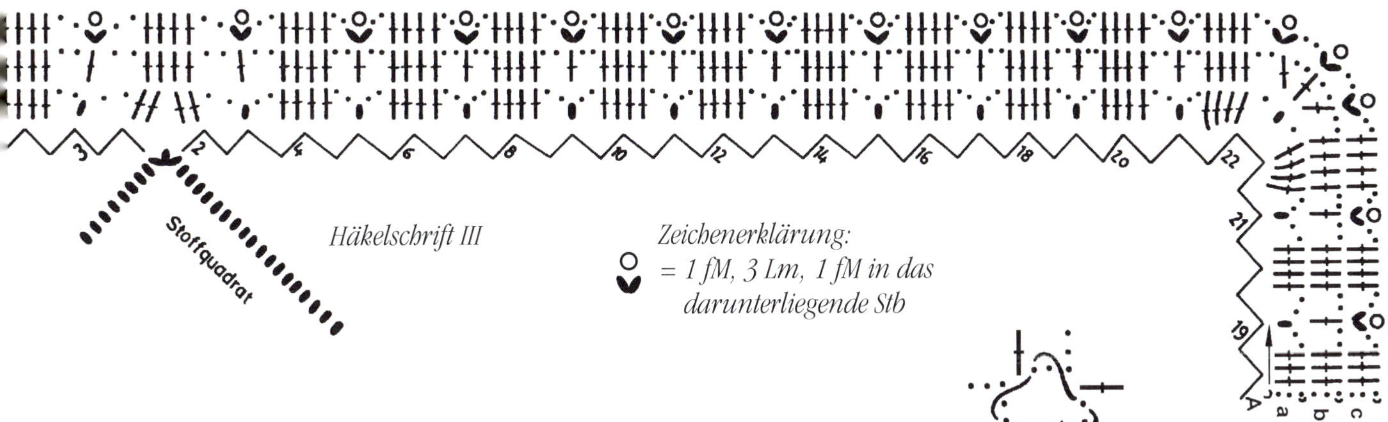

Häkelschrift III

Zeichenerklärung:
= *1 fM, 3 Lm, 1 fM in das darunterliegende Stb*

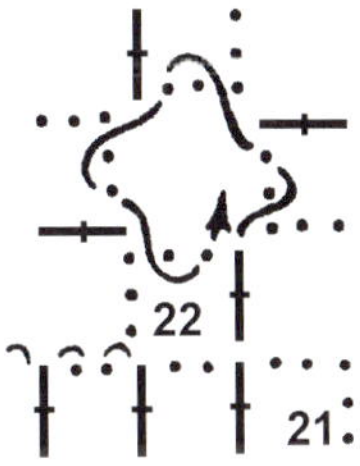

Häkelschrift II

Somit entsteht in der Deckenmitte aus den 4 Dreiecken ein Häkelquadrat. Zum Schluß wird die Umrandung um die gesamte Decke ausgeführt. Nach Häkelschrift III den Faden bei A neu anschlingen und die Rd a – c arbeiten. Die fertige Decke spannen, anfeuchten und trocknen lassen.

Decke »Strahlen«

Größe eines Sechsecks:
ca. 24,5 x 24,5 cm
Fertige Deckengröße: ca. 73 x 73 cm
Spitzenbreite: ca. 2,5 cm

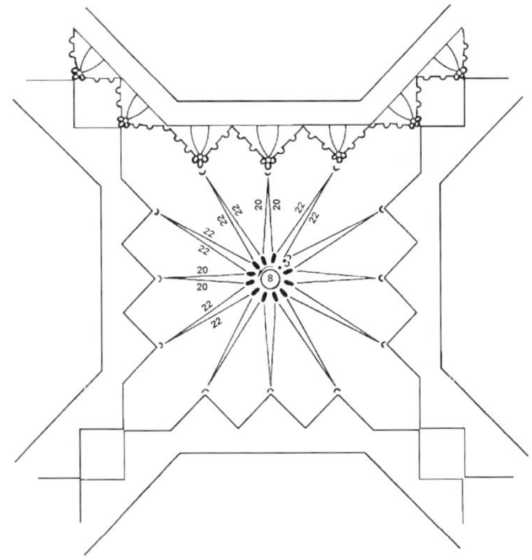

Schemazeichnung

MATERIAL

- 9 Knl Garn *Anchor Glanzhäkelgarn 20*, Fb 759, sonnengelb
- 1 *IMRA* Garnhäkelnadel Nr. 1,25
- 9 Achtecke mit Lochrand von *Zweigart*, Ø 20 cm, Art. 3972, Fb 216, sonnengelb

Anleitung

Jedes Stoffachteck mit fM umhäkeln (in jedes Loch 2 fM, siehe *Anhäkeln von Spitzen* auf Seite 8). In der 2. Rd müssen pro Seite 22 Kästchen zwischen den Ecken ausgeführt werden. Weiter nach der Häkelschrift arbeiten; sie zeigt drei Mustersätze mit einer Eckbildung dazwischen. Ab dem zweiten Quadrat werden jeweils in der letzten Runde die geraden Seiten durch Km miteinander verbunden. Zum Ausfüllen der großen »Löcher« werden nach der Schemazeichnung Strahlen gearbeitet. Dazu 8 Lm anschlagen und mit 1 Km zum Ring schließen. Pro Strahl 22 (bzw. 20) Lm häkeln, an einer Zackenspitze des Achtecks mit 1 Km einhängen, nochmals 22 (bzw. 20) Lm häkeln, mit 1 fM am Luftmaschenring in der Mitte einhängen. Die fertige Decke spannen, anfeuchten und trocknen lassen.

Häkelschrift

Decke »Geometrie«

Größe eines Häkelquadrates:
ca. 19 x 19 cm
Größe eines Stoffquadrates:
ca. 18,5 x 18,5 cm
Motivanzahl:
5 Häkelquadrate, 4 Stoffquadrate
Fertige Deckengröße: ca. 63 x 63 cm

MATERIAL

- 3 Knl Garn *»Rosanna«* von *Lang,* Fb 1731, graublau
- 1 *IMRA* Garnhäkelnadel Nr. 1,50
- 0,20 m Strukturstoff *»Tirol«* von *Leibfried,* 140 cm breit, Art. 5008, Fb 051, hellblau
- *Coats* Overlock- und Atlasgarn, blau
- Nähgarn, blau

Maschenprobe

20 Kästchen x 20 Rd ergeben 10 x 10 cm.

Anleitung

Für ein Häkelquadrat 12 Lm anschlagen und mit 1 Km zur Rd schließen. Weiter nach dem Zählmuster im Filetmuster in Rd arbeiten (nähere Erklärungen siehe *Filethäkelei* Seite 9). Die fertigen Quadrate spannen, anfeuchten und trocknen lassen.

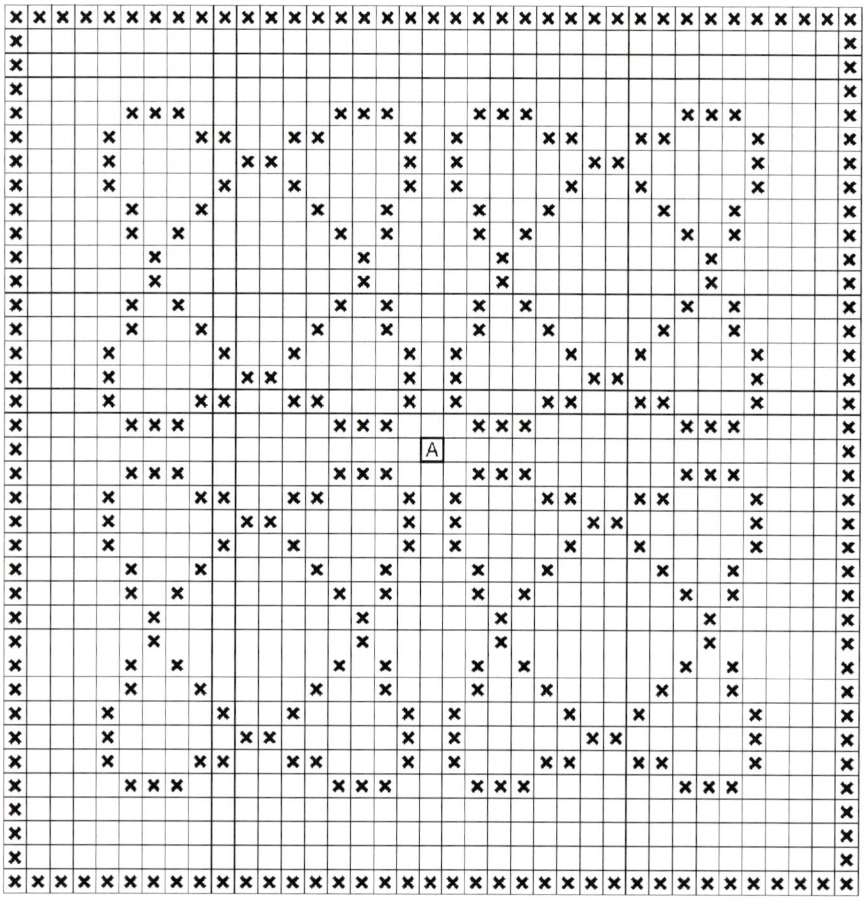

Zählmuster

Zeichenerklärung:

A = *Anfangsrunde*

□ = ⫯˙˙⫯

× = ⫯⫯⫯⫯

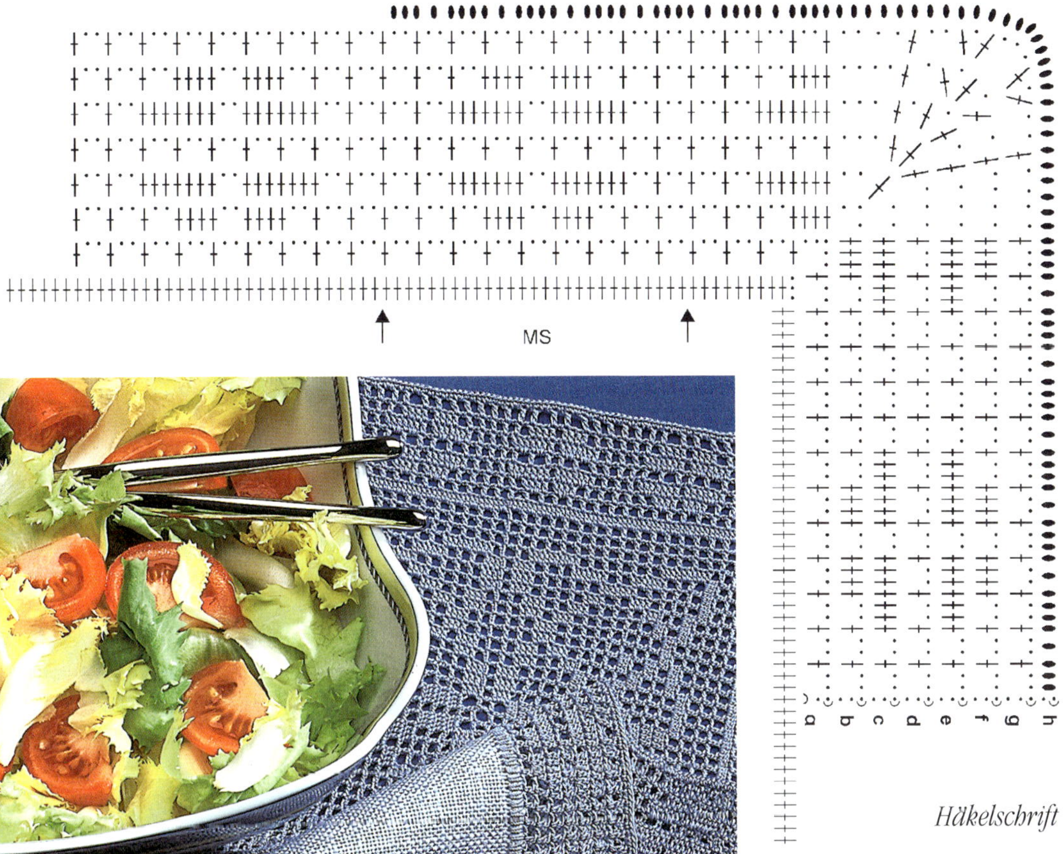

Häkelschrift

Den Stoff in 4 Quadrate zu je 18,5 x 18,5 cm schneiden und mit der Overlockmaschine (und dem Overlockgarn) versäubern. Ein Häkelquadrat jeweils so zwischen zwei Stoffquadrate legen, daß die letzte Stb-Rd auf dem Stoff aufliegt; feststeppen oder von Hand aufnähen (mit dem Nähgarn). Nach Fertigstellung die äußeren, versäuberten Stoffkanten mit fM überhäkeln. Danach die Umrandung nach der Häkelschrift um die gesamte Decke ausführen.

Decke »Rhomben«

Größe eines Quadrates: ca. 37 x 37 cm
Fertige Deckengröße: ca. 74 x 74 cm
Spitzenbreite: ca. 3,8 cm

MATERIAL

- 2 Knl Garn *»Rosanna«* von *Lang,* Fb 1742, grün
- 2 *IMRA* Garnhäkelnadeln Nr. 1,25 und 1,50
- 0,35 m Deckenstoff *»Ibiza«* von *Zweigart,* 180 cm breit, Art. 7600, Fb 66, gelbgrün
- *Coats* Overlock- und Atlasgarn, gelbgrün

Anleitung

Den Stoff in 4 Quadrate zu je 30 x 30 cm schneiden und mit der Overlockmaschine versäubern. Jedes Quadrat mit fM umhäkeln (138 – 142 fM + Eckbildung je Seite; siehe *Anhäkeln von Spitzen* auf Seite 8). Die Rd 2 – 7 nach der Häkelschrift ausführen; es ergeben sich an jeder Stoffseite 4 Mustersätze + die eingezeichnete Maschenanzahl zu den Ecken hin. Ab dem zweiten Quadrat werden jeweils in der letzten Runde die Häkelteile durch Km miteinander verbunden. Die fertige Decke spannen, anfeuchten und trocknen lassen.

MEIN TIP

Wer etwas Stoffverschwendung nicht scheut, schneidet ein Quadrat von etwa 60 x 60 cm zu und unterteilt diesen Stoff dann in vier Teile. Dadurch wird ein einheitliches Stoffbild bei allen Quadraten erreicht.

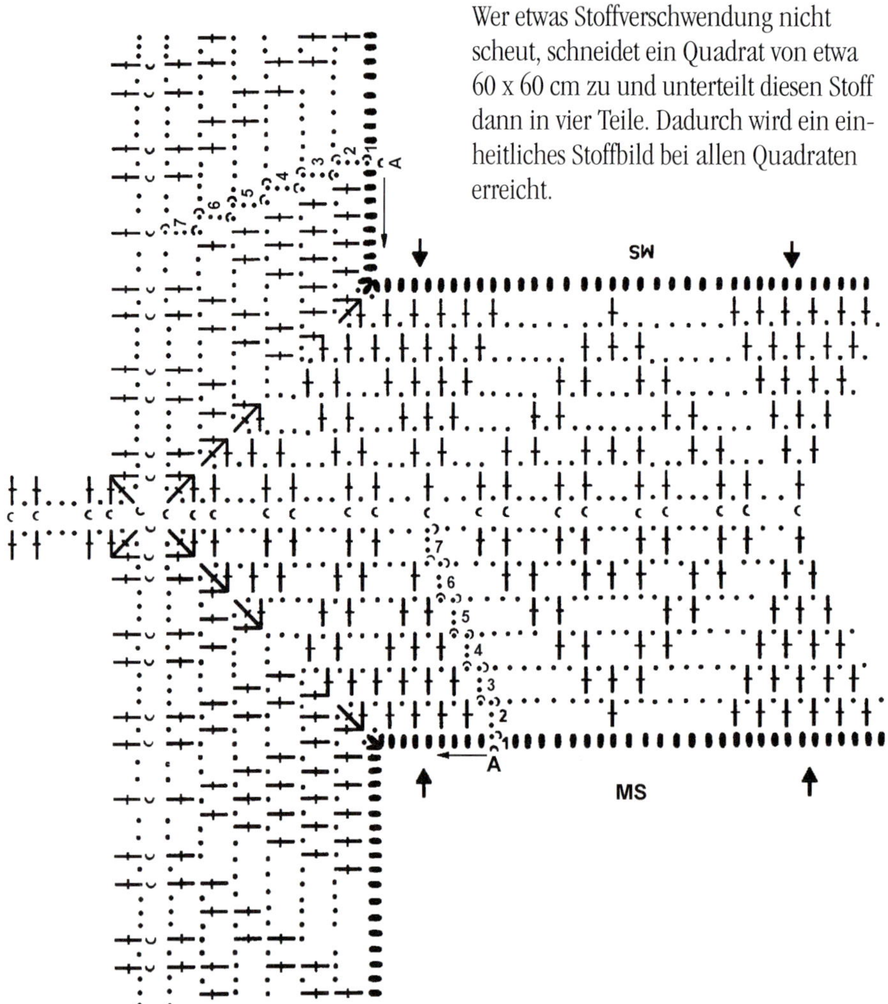

Mitteldecke »Dreiecke und Fächer«

Größe eines Quadrates: ca. 29 x 29 cm
Fertige Deckengröße: ca. 87 x 87 cm
Spitzenbreite: ca. 4,5 cm

MATERIAL

- 4 Knl Garn *Coats Aida 10,* Fb 292, hellgelb
- 2 *IMRA* Garnhäkelnadeln Nr. 1,25 und 1,50
- 9 *Coats* Stoffquadrate, 20 x 20 cm, Fb 292, hellgelb

Anleitung

Jedes Stoffquadrat mit fM umhäkeln (76 fM + Eckbildung je Seite; siehe *Anhäkeln von Spitzen* auf Seite 8). In der ersten Musterrunde pro Seite 24 Luftmaschen-Bogen zwischen den Eckbildungen häkeln. Weiter nach der Häkelschrift arbeiten. Bei der Ausführung des zweiten Quadrates werden in der letzten Runde die mittleren Pikots eines Fächers durch Kettmaschen mit dem ersten Quadrat verbunden. Auf diese Weise 3 x 3 Quadrate fertigstellen. Die fertige Decke spannen, anfeuchten und trocknen lassen.

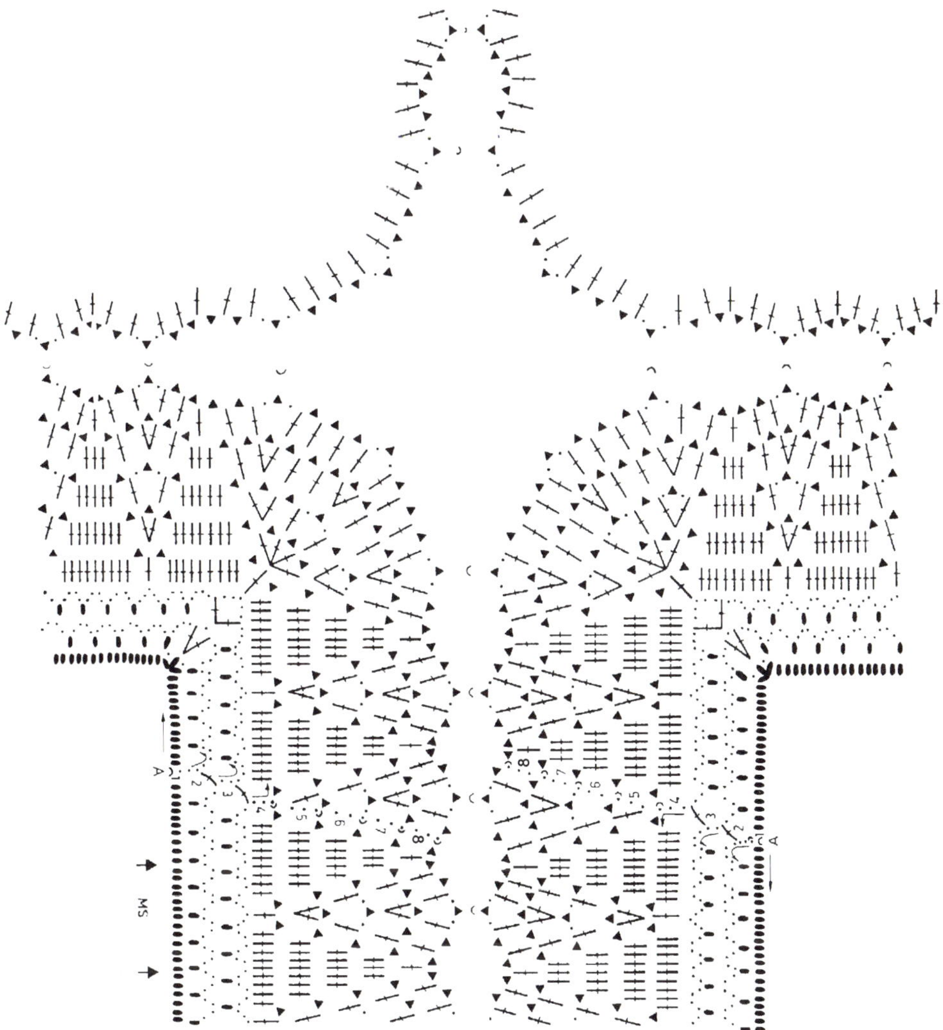

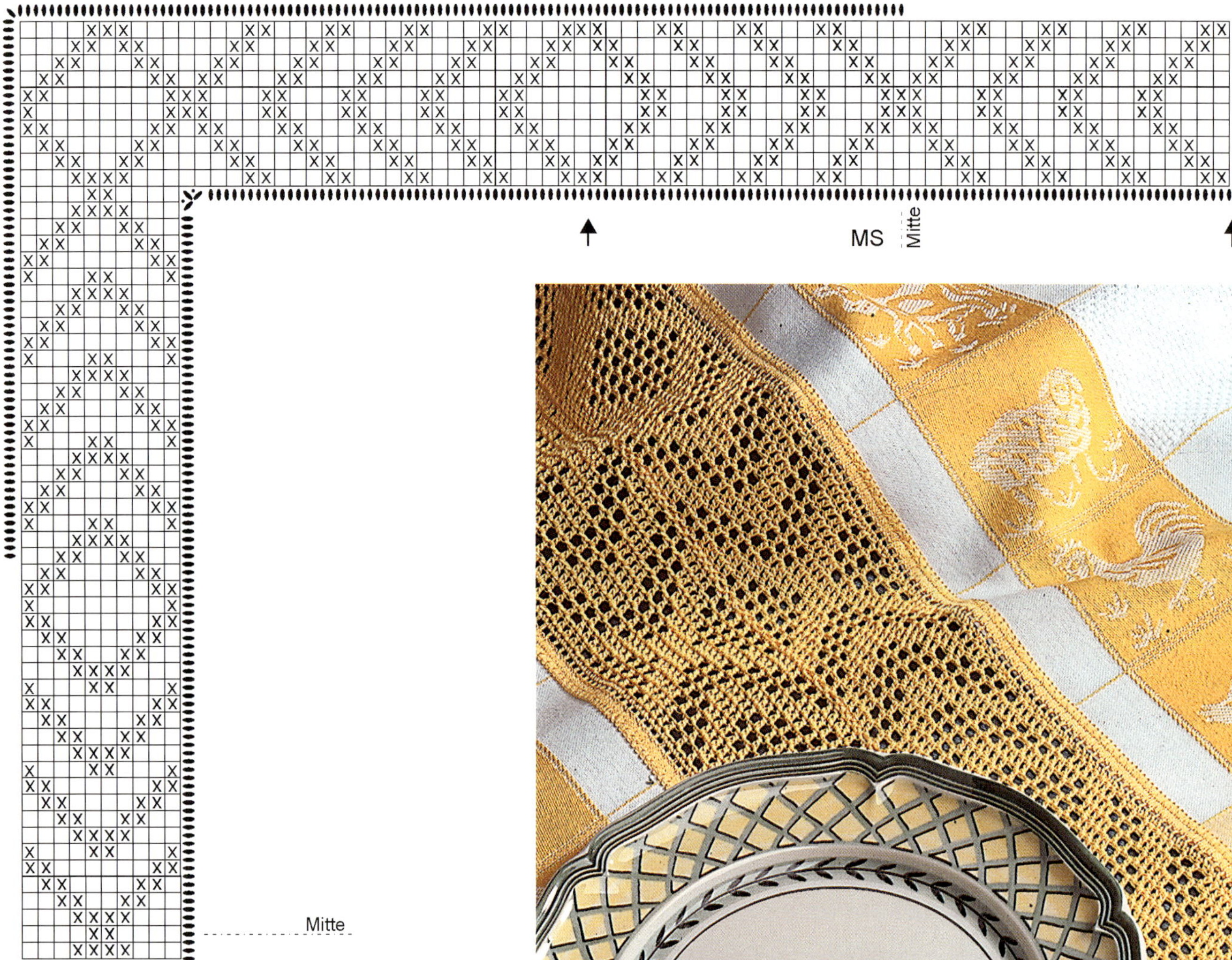

Zeichenerklärung:

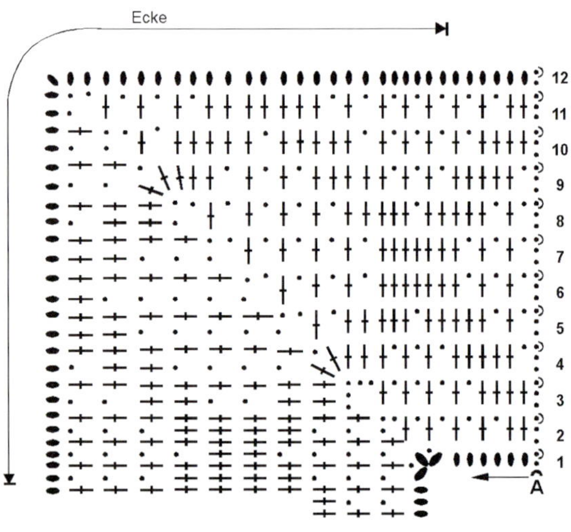

Decke »Bauernhof«

Größe eines Quadrates: ca. 65 x 65 cm
Fertige Deckengröße: ca. 130 x 130 cm
Spitzenbreite: ca. 5,5 cm

MATERIAL

- 5 Knl Garn *»Rosanna«* von *Lang,* Fb 1713, gelb
- 1 *IMRA* Garnhäkelnadel Nr. 1,75
- 4 Geschirrtücher von *Leibfried,* 50 x 50 cm, Art. 7561, Fb 10, gelb
- 9 m Anhäkelborte von *Leibfried,* Art. 9745, Fb 10, gelb
- Nähgarn, gelb

Anleitung

Den Saum von jedem Geschirrtuch auftrennen oder abschneiden (Achtung: Maß ändert sich unterschiedlich!) und die Kanten mit Zickzackstich versäubern. Dann ringsherum die Anhäkelborte so aufsteppen, daß der Lochrand übersteht. Nun läßt sich das Tuch gut mit fM umhäkeln (175 fM + Eckbildung je Seite). Weiter nach dem Zählmuster arbeiten. Nach Fertigstellung jedes einzeln umhäkelten Tuches werden zwei Häkelkanten exakt links auf links gelegt und folgendermaßen zusammengehäkelt: auf jedes Stb 1 fM, über jede Lm eines leeren Kästchens **2 Lm**. Danach die beiden so entstandenen langen Teile ebenso zusammenhäkeln, den mittleren Kreuzungspunkt dabei exakt einhalten. Die fertige Decke spannen, anfeuchten und trocknen lassen.

Häkelschrift I

MATERIAL

- 2 Knl Garn *Anchor Leinen 10,* Fb 926, natur
- 2 *IMRA* Garnhäkelnadeln Nr. 1,25 und 1,75
- 0,35 m Strukturstoff *»Tirol«* von *Leibfried,* 140 cm breit, Art. 5008, Fb 01, natur
  oder 3 fertig umkantelte Stoffquadrate *»Tirol«,* 32 x 32 cm, Fb 01, natur
- *Coats* Overlock- und Atlasgarn, natur

Läufer in Beige

Größe eines Quadrates: ca. 41 x 41 cm
Fertige Läufergröße: ca. 45 x 130 cm
Spitzenbreite: ca. 4,5 cm / ca. 6,5 cm mit Außenumrandung

Anleitung

Gegebenenfalls den Stoff in 3 Quadrate zu je 32 x 32 cm schneiden und mit der Overlockmaschine versäubern. Jedes Quadrat mit fM umhäkeln (115 fM + Eckbildung je Seite; siehe *Anhäkeln von Spitzen* auf Seite 8). Die Rd 2 – 8 nach Häkelschrift I ausführen; es ergeben sich an jeder Stoffseite 5 Mustersätze. Ab dem zweiten Quadrat werden jeweils in der letzten Runde die Häkelteile an einer Seite durch Km miteinander verbunden.

Häkelschrift II: Umrandung

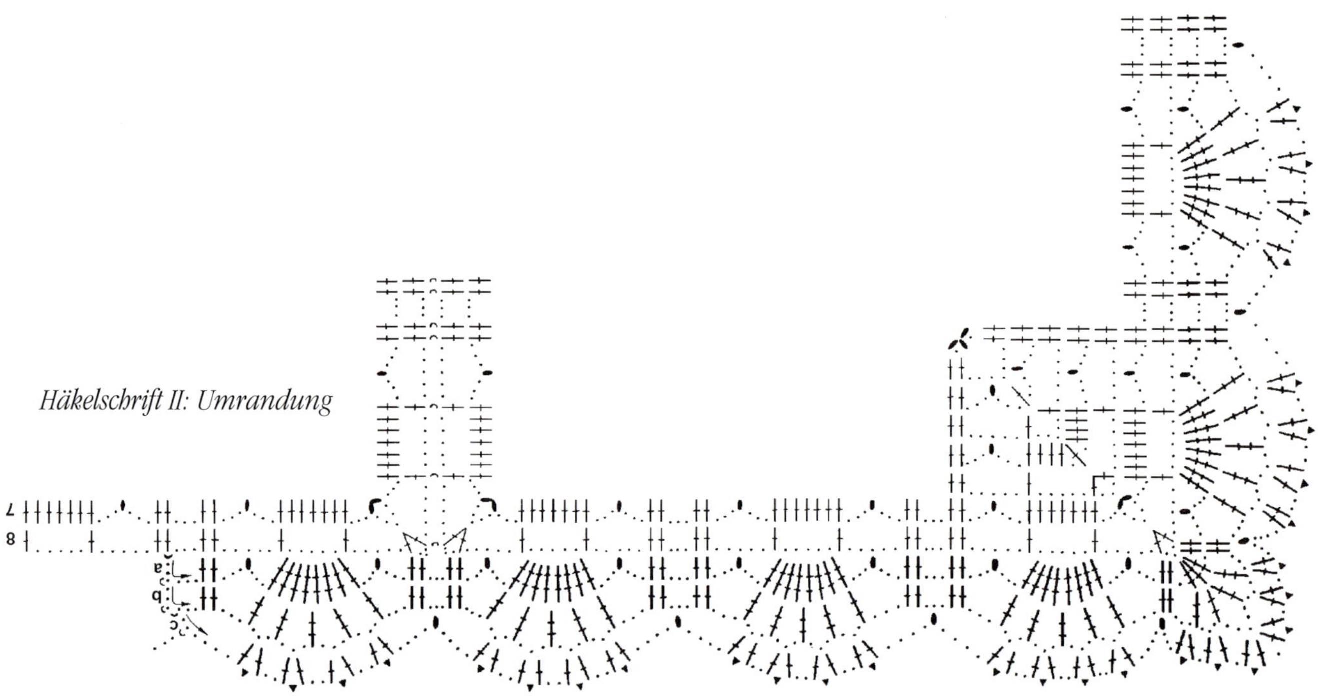

Zum Schluß wird die Umrandung nach Häkelschrift II (sie zeigt nur zwei MS für ein Stoffquadrat) um den gesamten Läufer ausgeführt. Den fertigen Läufer spannen, anfeuchten und trocknen lassen.

Dieses Spitzenfragment diente als Vorbild für die Läuferumrandung.

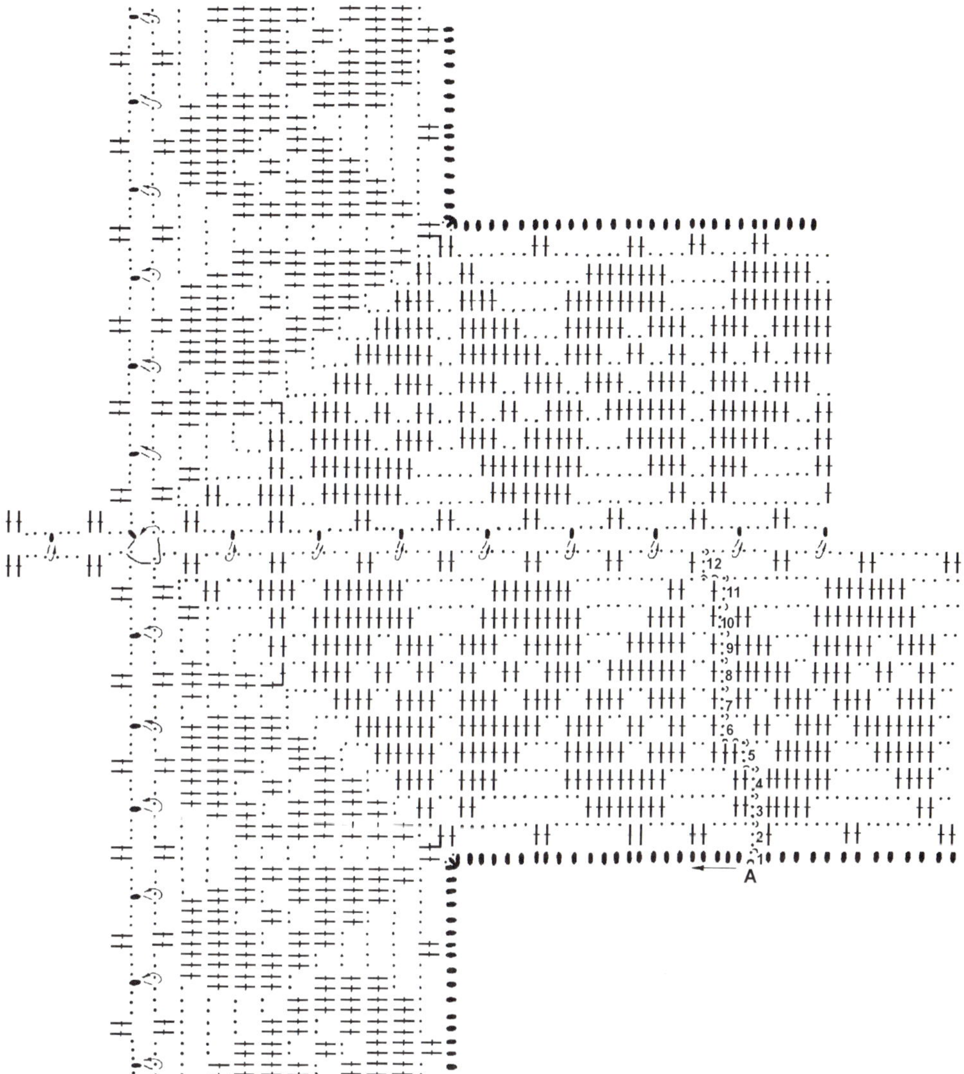

Decke »Herzen«

Größe eines Quadrates: ca. 33 x 33 cm
Fertige Deckengröße: ca. 100 x 100 cm
Spitzenbreite: ca. 6 cm

MATERIAL

- 5 Knl Garn *»Rosanna«* von *Lang,* Fb 1761, dunkelrot
- 2 *IMRA* Garnhäkelnadeln Nr. 1,25 und 1,50
- 9 Anhäkelquadrate *»Kärnten«* von *Frankfurter Handarbeiten,* 20 x 20 cm, Bestell-Nr. 6 1897 02, Fb rot

Anleitung

Jedes Stoffquadrat mit fM umhäkeln (72 fM + Eckbildung je Seite; siehe *Anhäkeln von Spitzen* auf Seite 8). Die Rd 2 – 11 nach der Häkelschrift arbeiten; es ergeben sich pro Seite drei Herzen sowie eine Herzhälfte zu jeder Ecke hin. Ab dem zweiten Quadrat werden jeweils in der letzten (12.) Rd die Häkelteile durch fM miteinander verbunden. Die fertige Decke spannen, anfeuchten und trocknen lassen.

Decke »Tannenbaum«

Größe eines Häkelquadrates:
ca. 21,5 x 21,5 cm
Größe eines Stoffquadrates:
ca. 20 x 20 cm
Motivanzahl:
4 Häkelquadrate, 5 Stoffquadrate
Fertige Deckengröße: ca. 65 x 65 cm
Umrandung: ca. 1,8 cm breit

MATERIAL

- 2 Knl Garn *Coats Aida 10,* Fb 212, dunkelgrün
- 1 *IMRA* Garnhäkelnadel Nr. 1,50
- 5 *Coats* Stoffquadrate*,* 20 x 20 cm, Fb 212, dunkelgrün
- Nähgarn, dunkelgrün

Maschenprobe

15 Kästchen x 17 R ergeben 10 x 10 cm.

Anleitung

Für ein Häkelquadrat 99 Lm + 4 Wende-Lm anschlagen und nach dem Zählmuster im Filetmuster in Reihen arbeiten (nähere Erklärungen siehe *Filethäkelei* Seite 9). Die fertigen Quadrate spannen, anfeuchten und trocknen lassen. Ein Häkelquadrat jeweils so zwischen zwei Stoffquadrate legen, daß die Stb-Kante auf dem Stoff aufliegt; feststeppen oder von Hand aufnähen. Danach die äußeren, versäuberten Stoffkanten mit fM überhäkeln. Nun den Zackenrand nach der Häkelschrift in einem Arbeitsgang um die gesamte Decke ausführen.

Umrandung – Zackenkante

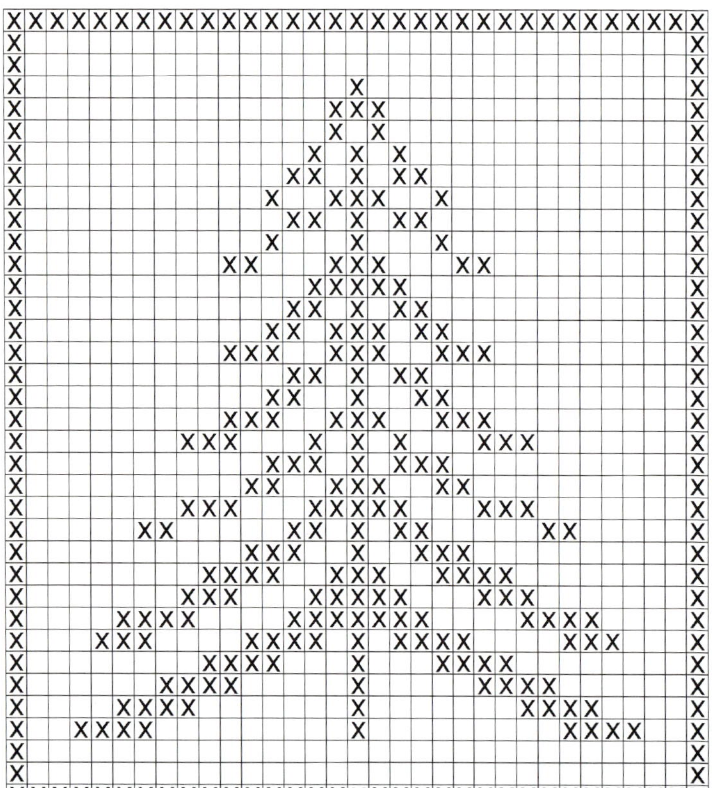

Zeichenerklärung:

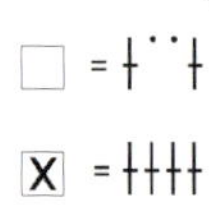

Decke »Silberstern«

Größe eines Häkelquadrates:
ca. 23 x 23 cm
Größe eines Stoffquadrates:
ca. 22 x 22 cm
Motivanzahl:
4 Häkelquadrate, 5 Stoffquadrate
Fertige Deckengröße: ca. 66 x 66 cm

MATERIAL

- 5 Knl (à 25 g) Garn *Anchor Arista,* Fb 301, silber
- 1 *IMRA* Garnhäkelnadel Nr. 1,75
- 0,25 m Strukturstoff *»Tirol«* von *Leibfried,* 140 cm breit, Art. 5008, Fb 093, weiß-silbermeliert
- *Coats* Overlock- und Atlasgarn, weiß
- Nähgarn, weiß

Maschenprobe

11 Kästchen x 11 Rd ergeben 10 x 10 cm.

Anleitung

Für ein Häkelquadrat 16 Lm anschlagen und mit 1 Km zur Rd schließen. Weiter nach Häkelschrift bzw. Zählmuster in Rd arbeiten. Die Häkelschrift zeigt die Anfangsrunden zur Veranschaulichung der leeren, halbgefüllten und gefüllten Kästchen des »großen Filetmusters«. Die fertigen Quadrate spannen, anfeuchten und trocknen lassen.

Den Stoff in 5 Quadrate zu je 22 x 22 cm schneiden und mit der Overlockmaschine (und dem Overlockgarn) versäubern. Ein Häkelquadrat jeweils so zwischen zwei Stoffquadrate legen, daß die letzte Dstb-Rd auf dem Stoff aufliegt; feststeppen oder von Hand aufnähen (mit dem Nähgarn). Nach Fertigstellung die äußeren, versäuberten Stoffkanten mit fM überhäkeln.

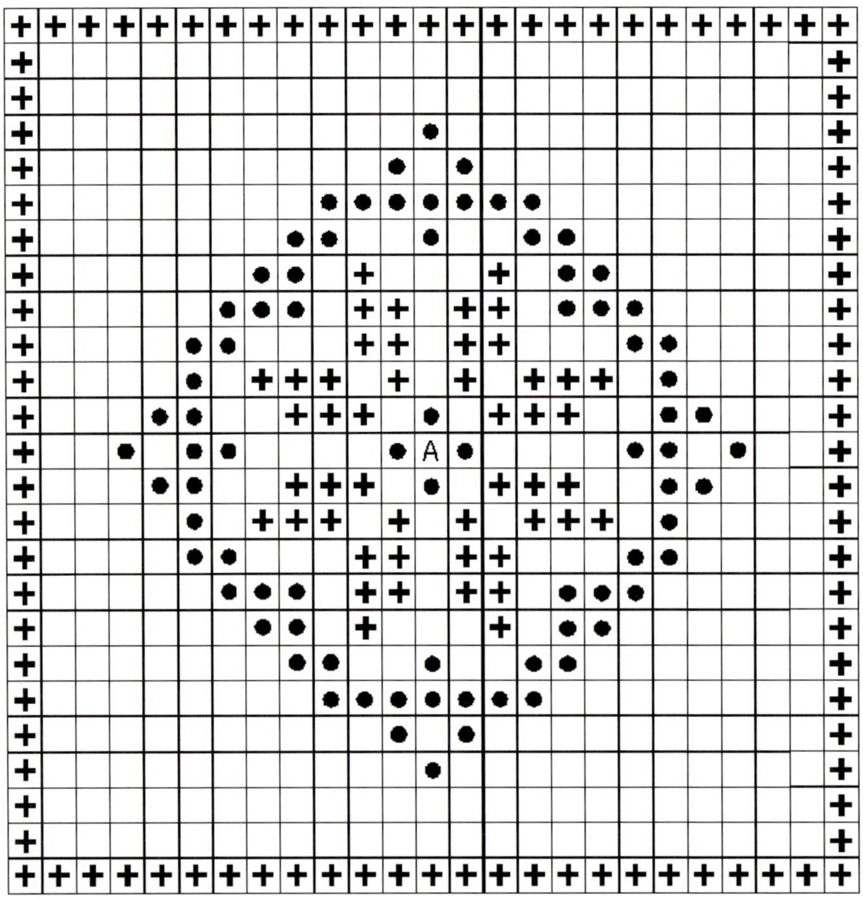

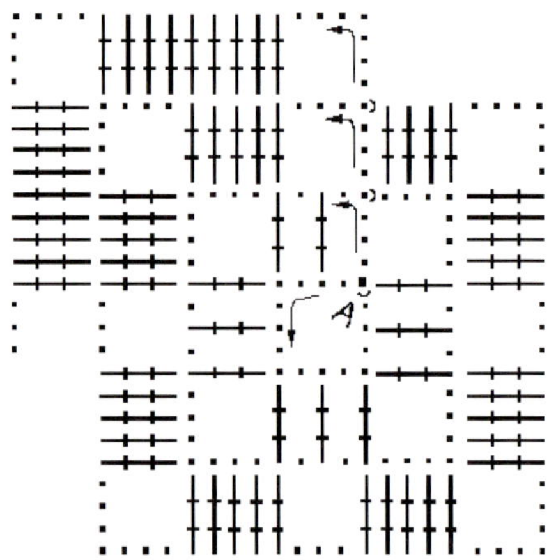

Häkelschrift

Zählmuster
Zeichenerklärung:

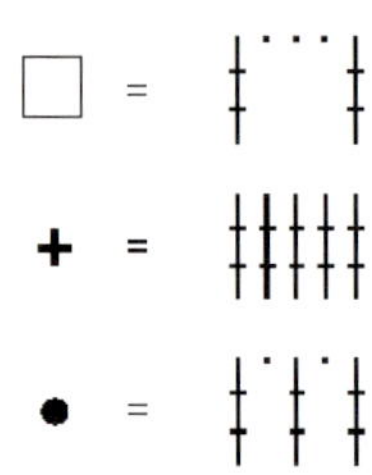

A = *Anfangsrunde*

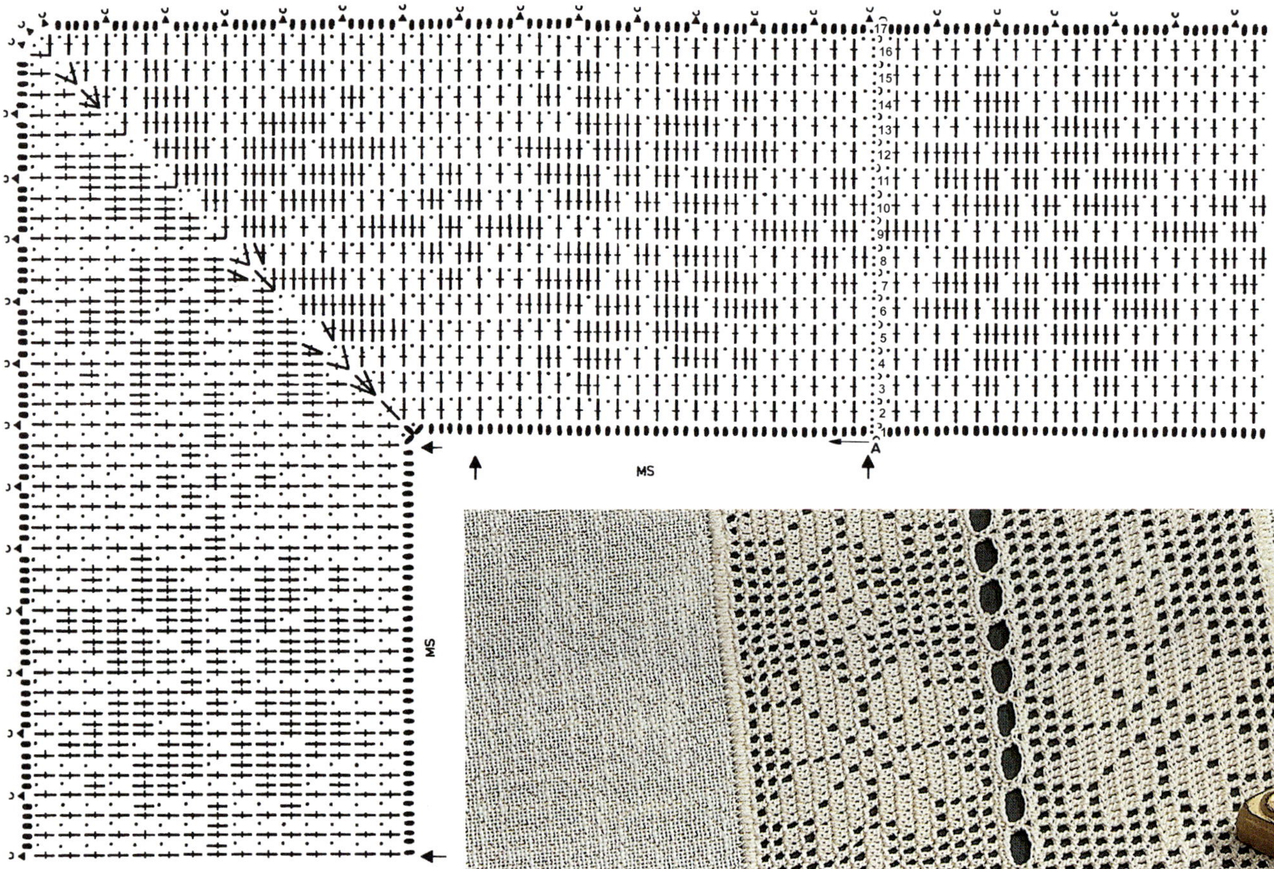

Decke »Sternenband«

Größe eines Quadrates: ca. 39 x 39 cm
Fertige Deckengröße: ca. 78 x 78 cm
Spitzenbreite: ca. 8 cm

MATERIAL

- 4 Knl Garn *»Rosanna«* von *Lang,* Fb 1702, natur
- 2 *IMRA* Garnhäkelnadeln Nr. 1,25 und 1,75
- 0,25 m Effektgewebe *»Ariosa«* von *Zweigart,* 140 cm breit, Art. 3711, Fb 98, natur-goldmeliert
- *Coats* Overlock- und Atlasgarn, natur

Anleitung
Den Stoff in 4 Quadrate zu je 23 x 23 cm schneiden und mit der Overlockmaschine versäubern. Jedes Stoffquadrat mit fM umhäkeln (85 fM + Eckbildung je Seite; siehe *Anhäkeln von Spitzen* auf Seite 8). Die Rd 2 – 17 nach der Häkelschrift arbeiten; sie zeigt eine Seite mit einer Eckbildung vollständig. Ab dem zweiten Quadrat werden jeweils in der letzten Rd die Häkelteile durch Km miteinander verbunden. Die fertige Decke spannen, anfeuchten und trocknen lassen.

Mitteldecke »Kleine Ananas«

Größe eines Quadrates: ca. 30 x 30 cm
Fertige Deckengröße: ca. 60 x 60 cm
Spitzenbreite: ca. 5 cm

MATERIAL

- 2 Knl Garn *»Rosanna«* von *Lang*, Fb 1701, weiß
- 2 *IMRA* Garnhäkelnadeln Nr. 1,5 und 1,75
- 4 Reinleinen-Häkelquadrate mit Lochrand von *Sänger-Leinen*, 20 x 20 cm, Art. 264607, Fb 11, weiß

Anleitung
Jedes Stoffquadrat mit fM umhäkeln (in jedes Loch 1 fM, siehe *Anhäkeln von Spitzen* auf Seite 8). In der 2. Rd müssen pro Seite 29 Kästchen zwischen den Eckbildungen ausgeführt werden. Weiter nach der Häkelschrift arbeiten; es ergeben sich je Seite 5 Mustersätze. Ab dem 2. Quadrat werden jeweils in der letzten Runde die Häkelteile durch Km miteinander verbunden. Die fertige Decke spannen, anfeuchten und trocknen lassen.

Bezugsquellen

GARNE
Anchor und *Coats* Garne:
Coats Mez GmbH
Postfach 1179
79337 Kenzingen

Lang Garn & Wolle GmbH
Püllenweg 20
41352 Korschenbroich

STOFFE
Frankfurter Handarbeiten
Postfach 1242
74552 Crailsheim

I.C. Leibfried GmbH
Am Feger 5 – 7
71063 Sindelfingen

Sänger-Leinen AG
Oberstraße 2
CH – 3550 Langnau/Emmental

Zweigart & Sawitzki
Postfach 120
71043 Sindelfingen

HÄKELNADELN
Rump & Prym GmbH & Co. KG
Postfach 1363
58743 Altena / Westf.

ACCESSOIRES
auf den Seiten 13, 31, 34/35 von
Winterling Porzellan AG
Schützenstraße 2 – 4
95158 Kirchenlamitz

auf den Seiten 16, 38, 42/43, 45 ,46 von
Kontraste Kerzen GmbH
Teichweg 20
35396 Gießen – Wieseck

auf den Seiten 18/19, 21, 36/37 von
Villeroy & Boch
Postfach 10 00 27
66652 Merzig

auf den Seiten 11, 25 von
WMF Württembergische
Metallwarenfabrik AG
Eberhardstraße
73312 Geislingen/Steige